2010 KYNOS VERLAG Dr. Dieter Fleig GmbH
Konrad-Zuse-Straße 3 • D-54552 Nerdlen/Daun
Telefon: 06592 957389-0
www.kynos-verlag.de

4. Auflage 2022

Titelfoto:
Großpudel im Wasser, ©Diane Lewis
Umschlagrückseite:
©Hrymon, A./Tierfotoagentur

Grafik & Layout: Kynos Verlag

Gedruckt in Lettland

ISBN 978-3-95464-271-7

Mit dem Kauf dieses Buches unterstützen Sie die
Kynos Stiftung Hunde helfen Menschen
www.kynos-stiftung.de

Rosa Engler

Unser Hund
Der Pudel

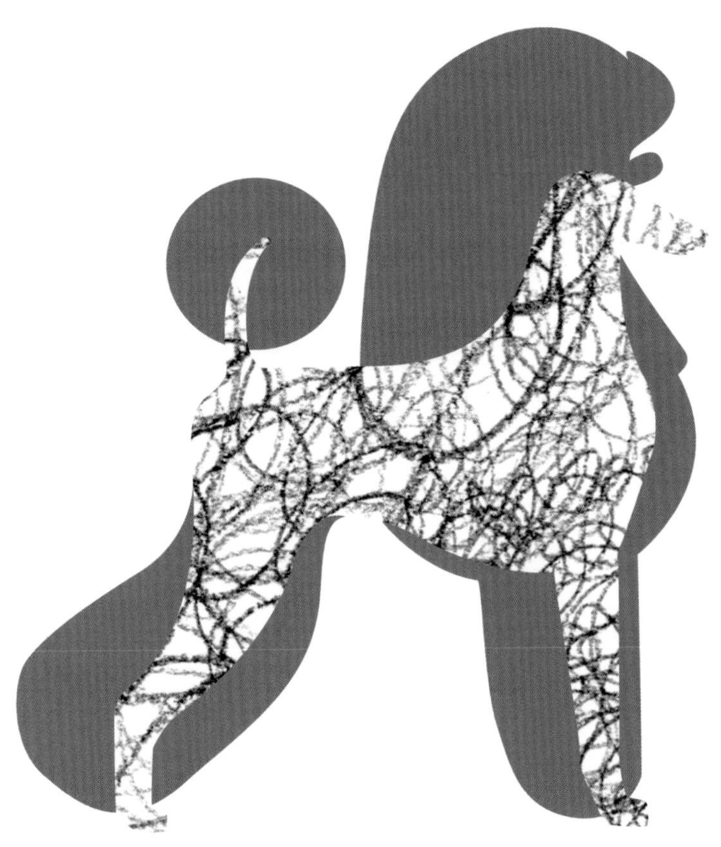

Kynos Verlag

Inhaltsverzeichnis

Vorwort

Der Pudel ist ein fröhlicher, unkomplizierter Begleiter durch Dick und Dünn, für den sich heute wieder mehr und mehr Menschen interessieren. Viele von ihnen haben aber schon ein bestimmtes Urteil über diese Hunderasse im Kopf. Ob es auch stimmt, kann man allerdings erst wissen, wenn man diesen Hund näher kennenlernt. Darum schreibe ich in diesem Buch gerne über meine langjährigen Erfahrungen mit dem Pudel, der mich seit 1965 durch mein Leben begleitet. Es freut mich, dass ich Ihnen die Rasse in ihrer ganzen Vielfalt in ausdrucksvollen Bildern vorstellen kann. Sie werden von großen und von kleinen Pudeln lesen, die im Dienst des Menschen oder im Hundesport durch erstaunliche Leistungen auffallen und Sie werden sicherlich viele neue, überraschende Seiten an dieser alten Rasse entdecken.

Bettingen im April 2010

Rosa Engler

Der außergewöhnliche Pudel

Frisur

Schon auf römischen Münzen kann man wollhaarige Hunde als Jagdbegleiter finden, denen man am Hinterteil das Fell gekürzt hat. Das zeigt, dass die sogenannte Löwenschur bis in die Antike zurückgeht. Sie ist keine Erfindung der Pudel-Aussteller. Mit dieser Maßnahme wollte man ursprünglich dem Wollhund das Schwimmen im Wasser erleichtern. Noch länger als beim Pudel kennt man diese Frisur beim Portugiesischen Wasserhund und beim Löwchen. Später wurde dem Enten-Apportier-Pudel ein farbiges Band in die langen Kopfhaare gebunden, damit der Jäger seinen Pudel auch erkennen konnte, wenn er im Wasser schwamm. Dieses Band hielt gleichzeitig die Haare von den Augen fern. Die haarigen Manschetten über den Pfoten, die später an den Ausstellungen zu runden Pompons geformt wurden, sollten ihm die Gelenke schützen.

Die heutige Löwenschur geht auf eine ursprüngliche Zweckfrisur zurück, die den Hunden das Schwimmen erleichtern sollte.

Wollfell

Was uns am Pudel als Erstes auffällt, ist sein weiches, wolliges Fell. Keine andere Hunderasse lässt sich so verschieden frisieren, wie das beim Pudel möglich ist. Wie der Haarschnitt gemacht werden soll, wird nur an den Hundeausstellungen vorgeschrieben. Pudelfreunde, die mit ihrem Vierbeiner im Hundesport aktiv sind, wählen meistens einen pflegeleichten Kurzschnitt. Eigentlich müsste klar sein, dass der Haarschnitt die Art des Pudels nicht verändert, sondern nur sein Aussehen. Auch unter einer extravaganten Pudelfrisur steckt ein richtiger Hund, der gerne springt, rennt und schwimmt.

Das Scheren des Pudels dient seinem Wohlbefinden, denn sein voluminöses Fell wächst ihm auch im Gesicht, wo es ungekürzt eines Ta-

Das kurz geschorene Hinterteil ist auch beim Portugiesischen Wasserhund eine traditionelle Frisur, um ihm das Schwimmen zu erleichtern.

Auch vom Löwchen kennt man die typische »Pudelfrisur«.

ges die freie Sicht des Vierbeiners behindern würde. Auch das regelmäßige Kämmen wird einfacher, wenn die Haare von Zeit zu Zeit zurückgeschnitten werden.

Angenehm ist, dass die ausgefallenen Pudelhaare nicht an den Kleidern oder am Teppich kleben. Im Gegensatz zu anderen Hunden, die vorwiegend im Frühling und im Herbst im Fellwechsel sind, verliert der Pudel seine Haare über das ganze Jahr verteilt. Diese losen Haare bleiben aber im Wollfell hängen und müssen regelmäßig ausgebürstet werden, damit sich im Fell keine Filzknoten bilden.

Vorteile des Pudelhaars

Zwei Eigenschaften des ausgekämmten Woll-Pudels werden sehr geschätzt: Er verbreitet keinen unangenehmen Hundegeruch und die meisten Leute, die auf Hundehaare allergisch reagieren, zeigen keine negativen Reaktionen auf die Pudelhaare. Diese erwünschte Eigenschaft versucht man heute durch Pudel-Mix-Rassen in den Labradoodle, den Goldendoodle, den Cocka-Poo oder in den Aussie-Poo zu holen. (Der Aussie-Poo ist ein Mischling zwischen Pudel und Australian Shepherd.)

Diese Mix-Rassen sind heute sehr gefragt. Man bezeichnet sie auch als Designer-Hunde. Mit ihnen wird versucht, der Verbrei-

Großpudel in der Modeschur.

Schnürenpudel

Aufgrund seiner Intelligenz wurde der Pudel schon seit jeher auch im Zirkus geschätzt.

tung gewisser Erbkrankheiten entgegenzuwirken. Diese Rechnung geht aber nur auf, wenn seriöse Züchter am Werk sind.

Das Schnürenfell

Es gibt Pudel, bei denen sich das nasse Fell relativ schnell in regelmäßige Spiral-Zotteln dreht, wie wir das von den zotthaarigen Hütehunden kennen. Lässt man diese Zotteln ungebürstet, dann kann sich daraus ein Schnürenfell entwickeln, das eine andere Pflege erfordert. Mehr darüber finden Sie im Kapitel »Der anspruchsvolle Pudel«.

Beweglich und stolz

Auffällig ist die leichte Gangart des Pudels. Seine eleganten Bewegungen erinnern uns an einen Tänzer. Im Trab scheint der Pudel den Boden kaum zu berühren. Auch seine Sprungkraft ist erstaunlich. Seine stolze Haltung von Kopf und Rute vermittelt einen sehr selbstbewussten und edlen Eindruck, so dass man sich nicht wundert, dass der Pudel früher in Königshäusern sehr beliebt war.

Unterhaltsam

Der Pudel stellt sich gerne in den Mittelpunkt. Seine Fähigkeit, leicht auf den Hinterbeinen zu balancieren, ist ihm angeboren. Seine lustigen Einfälle machen ihn zu einem unterhaltsamen Begleithund.

Intelligent

Die überdurchschnittliche Intelligenz des Pudels gepaart mit seinem harmonischen Körperbau, seinem verspielten Wesen und seiner anhänglichen Art befähigt ihn zu außergewöhnlichen Leistungen im Hundesport und im Dienst des Menschen. Mit seiner ausgesprochen hohen Merkfähigkeit eignet sich der Großpudel auch für die anspruchsvolle Ausbildung zum Blindenführhund oder zum Assistenzhund. Auch für seine ursprüngliche Aufgabe als Enten-Apportierhund lässt sich der wasserfreudige Pudel gerne begeistern.

Vielfältig und langlebig

Speziell ist die äußere Erscheinung des Pudels. Er lässt sich nicht nur ganz verschieden frisieren, es gibt diesen fröhlichen Hund auch in vier verschiedenen Größen und in sechs verschiedenen Farben. Diese Vielfalt kennt man bei keiner anderen Hunderasse. Außergewöhnlich ist auch die Langlebigkeit des Pudels. Nach einer wissenschaftlichen Studie erreicht der Pudel das höchste Alter aller Hunde, wobei Mischlinge in diese Studie mit einbezogen wurden.

Der Labradoodle

Der Labradoodle sollte die Kraft und die gutmütige Art des Labradors mit dem lernfreudigen und intelligenten Wesen des Pudels verbinden. Diese Designer-Rasse entstand auch in der Hoffnung, dass die angenehme Eigenschaft der Pudelhaare, keine Allergien auszulösen, sich auf diese Nachkommen übertragen würde. Die ursprüngliche Idee zu dieser neuen Hunderasse geht auf einen Versuch in Australien zurück, wo der Labradoodle inzwischen national anerkannt ist. In Australien und in den USA gibt es bereits eine Standard-Beschreibung für diesen Mischling. Man hofft mit dieser neuen Rasse-Mischung einen Hund zu züchten, der sich speziell für die Ausbildung zum Blindenführhund eignet.

Durch einen Mix zweier Rassen eine neue, gesunde Hunderasse zu züchten gelingt, wenn sich engagierte Züchter damit befassen. In den FCI-Ländern gibt es zurzeit für diese Misch-Rassen noch keine Zuchtvorschriften, weil sie noch nicht offiziell anerkannt sind. Beim Kauf eines Labradoodles wäre es darum wichtig, dass Ihnen der Züchter die Gesundheits-Atteste der Eltern zeigt. Aus Eltern mit ungetesteten oder schlechten Hüftgelenken kann man nicht unbedingt gesunde Nachkommen erwarten, nur weil man zwei verschiedene Rassen verpaart hat.

Der traditionsreiche Pudel

Der beliebte Jagdhund

Wenn im 19. Jahrhundert deutsche Kynologen vom Pudel schrieben, dann meinten sie den Großpudel. Im Volksmund nannte man ihn auch Königspudel. Er war damals ein äußerst beliebter und zuverlässiger Jagdhund. Gemäß Faltblatt des Pudelpointer-Klubs wurden dem Königspudel vor rund hundert Jahren als Jagdhund die besten Eigenschaften zugesprochen. Man kann dort folgendes lesen: »Besonders gerühmt wurden seine Stöber- und Wasserpassion, sein Spurwille und Spurlaut, seine Apportierlust und Verlorenbringerfähigkeit, seine Raubwildschärfe, seine Intelligenz und Lernfähigkeit. Er galt als der Intelligenteste aller Hunde.« (Adolf Wienecke).

In allen kynologischen Werken aus den vergangenen Jahrhunderten wird der Pudel als besonders lustig und intelligent beschrieben. Das überschwänglichste Lob über den Pudel findet man von Peter Scheitlin. Er war ein Schweizer Gelehrter aus St. Gallen. In seinem zweibändigen Werk Versuch einer vollständigen Tierseelenkunde (Stuttgart 1840) bezeichnet er den Pudel in seitenlangen Beschreibungen als den vollkommensten Hund. Aus dieser Zeit kennen wir auch den weltberühmten Spruch aus Goethes Faust »Das also ist des Pudels Kern«. Der Pudel, der in der Tragödie Faust den Mephisto verkörpert, scheint in seinem Verhalten eine Beziehung zu den Hütehunden zu zeigen, denn es wird beschrieben, wie er beim Rennen immer engere Kreise zieht, so wie das der Hütehund macht, wenn er die Schafe zusammentreibt. Goethe beschreibt auch die angeborene Apportierlust des Pudels in folgenden Worten (Faust): »Bemerkst du, wie in weitem Schneckenkreise Er (der

Zwei Deutsche Jagdpudel aus Cassell's *The Book of the Dog*, 1881.

Diese Radierung von J. A. Klein aus dem Jahr 1818 zeigt einen deutschen Pudel in der kurzhaarigen Arbeitsschur. Aus dem Buch *Die Deutschen Hunde* von Richard Strebel, 1905.

Bei vielen Pudeln ist die Verwandtschaft zu den Wasserhunden noch heute durch ihre Freude am nassen Element erkennbar.

Pudel) um uns her und immer näher jagt? …« (Wagner) »Es ist ein pudelnärrisch Tier. Du stehest still, er wartet auf; Du sprichst ihn an, er strebt an Dir hinauf; Verliere was, er wird es bringen, Nach deinem Stock ins Wasser springen.«

Auch der bekannte Ausdruck »pudelnass« bringt den Pudel mit dem Wasser in Verbindung.

Seit wann kennt man den Pudel?

Dokumentarisch festgehalten ist, dass 1642 Prinz Rupert vom britischen Botschafter Lord Arundell einen weißen Pudel namens *Boy* aus einer vornehmen deutschen Zucht bekam, den er nach seiner Gefangenschaft in Linz nach England mitnahm. Zwischen dem Prinzen und dem Pudel soll sich eine enge Beziehung entwickelt haben. Am Hof lebte dieser Hund wie ein Familienmitglied. Die perfekt eingespielte Beziehung zwischen Pudel und Meister veranlasste die Feinde von Prinz Rupert, diesem Hund teuflische Kräfte zuzuschreiben. Boy verlor sein Leben auf dem Schlachtfeld bei Marston Moor 1644. In diesem Zusammenhang soll in England zum ersten Mal das Wort »Pudel« gebraucht worden sein.

Mehr über diese Geschichte findet man im Buch *The New Poodle* von Mackey J. Irick Jr., 1986, Seite 18, 20, 22 und 24 oder auf der

Website von Emily Cain (www.poodlehistory.org).

In Deutschland war aber auch ein kleiner Pudelschlag bekannt, der vorwiegend zur Trüffelsuche ausgebildet wurde. Im Buch *Der Deutsche Pudel* von Claudius Hüther (München, 1907) wird ein Artikel aus der Zeitschrift *Der Hund* (Jahrgang 1883) zitiert, gemäß welchem der kaiserliche Oberförster von Meyernick auf der Oberförsterei Lödderitz an der Elbe viele Jahre lang einen Stamm reiner Pudel züchtete, die er ausschließlich zur Trüffelsuche ausgebildet hatte.

Woher kommt das Wort Pudel?

Ursprünglich bezeichnete man diese Wollhunde als »Budel«. Das Wort »Pudelhund« findet man zum ersten Mal im Deutschen Wörter Buch (Krämer, 1678). Nach dem Wörterbuch der Gebrüder Grimm soll das Wort Pudel vom altdeutschen Mundart-Wort Pfudel (Pfütze) abgeleitet sein. Ludwig Beckmann lässt uns wissen, dass im deutschen Sprachgebiet im 18. Jahrhundert alle wollhaarigen Wasser-, Jagd- und Hütehunde als »Pudel« bezeichnet wurden, während man diese Hunde in Frankreich als »Barbets« kannte. Die italiensche Übersetzung von Barbet heißt »Barbone« und so nennt man den Pudel noch heute in Italien. Interessant ist, dass man diese bärtigen Kraushaarhunde im frühen Mittelalter auch in Russland kannte. Man bezeichnete sie dort als Barbossen.

Wo entstand der Pudel?

Es ist denkbar, dass sich der Pudel in verschiedenen Ländern gleichzeitig entwickelt hat. Heinrich Wilhelm Döbel (*Jäger-Practica*, 1746) sieht den Ursprung des Pudels in Ungarn. Im Buch von Carl von Heppe *Aufrichtiger Lehrprinz* (München, 1750) kann man im Kapitel »vom Leithund« auf Seite 15 lesen, dass der Pudel wegen seines bärtigen Gesichts auch als Barbet bezeichnet wurde. Er sei recht kraus- und filzhaarig und er sei eigentlich ein ungarischer Wasserhund. Interessant ist, dass Beckmann in seinem zweibändigen Werk *Geschichte und Rassen des Hundes* (Braunschweig 1894 / 95) im Kapitel Hirtenhunde und Pudel auch einen spanischen Pudel erwähnt. Richard Strebel (1905) ist überzeugt, dass der Pudel, wie man ihn anfangs des 20. Jahrhunderts kannte, einer Züchtung aus Deutschland zu verdanken ist. Er ist der Meinung, der Deutsche Pudel (er meint den Großpudel) sei als Begleiter von Soldaten nach Frankreich, Spanien und nach Italien gekommen.

Links: Heute wird oft vergessen, dass der Pudel ursprünglich ein Jagdhund war.

Rechts: Die Zwergpudel erwähnt Ludwig Beckmann in seinem Werk *Rassen des Hundes* (Braunschweig, 1895) unter dem Titel »Kleine Luxus- und Damenhunde«.

Der französische Naturforscher George Louis Leclerc Graf von Buffon (1707 – 1788) berichtet in seinen Werken über den großen und den kleinen Barbet, wobei der kleine Barbet aus der Vermischung des großen Barbets mit dem spanischen Wachtelhund entstanden sein soll. Dieser kleinere Barbet wurde später als Caniche bezeichnet, so wie man den Pudel noch heute in Frankreich nennt. »Caniche« könnte auf das Wort »canard« (Ente) hinweisen.

Welche Urahnen stehen hinter dem Pudel?

Wollhaarige Hunde gab es schon in der Antike. Im Werk von Richard Strebel *Die Deutschen Hunde und ihre Abstammung* (München 1905) findet man auf Seite 19 ein antikes Relief, das einen wollhaarigen Hund zeigt, dem am Hinterteil das Fell gekürzt worden ist. Auch Conrad Gesner (Zürich 1553) beschreibt in seinem *Thierbuch* den Canis aquaticus aviarius (Wasservogelhund), dem ebenfalls am Hinterteil das Fell weggeschnitten worden ist.

Vom russischen Kennelclub konnte in Erfahrung gebracht werden, dass es in Russland vor der offiziellen Reinzucht des Pudels auch zu Verpaarungen zwischen dem Pudel und dem großen weißen Südrussischen Owtscharka kam, was erklären könnte, warum die russischen Pudel früher durch ihre besondere Größe aufgefallen sind. Dieser große weiße Hütehund aus Russland hat ein Fell, das zur Bildung von Filz-Zotteln neigt. Diese Eigenschaft findet man auch beim Großpudel. Interessant ist, dass sich nicht jedes Pudelwollfell zu einem Schnürenfell verfilzen lässt, was bestätigt, dass bei der Entstehung des Pudels verschiedene Rassen am Werk waren. Wie beim Barbet und beim Portugiesischen Wasserhund gibt es auch beim Pudel zwei Fellarten, die gröbere und glänzende Wolle und die mattere, feingekräuselte.

Wir können die Vorfahren des Pudels einerseits bei den **Wasserhunden** finden und die Eigenart zum Zotthaar (Schnürenpudel) bringt uns die Verbindung zu den **zotthaarigen** Hütehunden. Nach verschiedenen Kynologen wurde auch ein Jagdhund beigemischt. Diese Kombination entpuppte sich als gelungene Kreation. Das Resultat war ein zuverlässiger Jagdhund, der gerne ins Wasser geht, gerne apportiert und der durch sein wolliges Fell gegen die Kälte geschützt

Das französische Wort »Caniche« für den Pudel könnte auf »canard«, Ente, hindeuten.

ist. Es wird vermutet, dass der beigemischte **Jagdhund** ein Pointer sein könnte. Es könnte sich aber auch um den Wachtelhund oder um einen Laufhund handeln, der dem Pudel zum langen Behang und zur guten Nase verholfen hat.

Es gibt Kynologen, die den **Portugiesischen Wasserhund** als Urahn aller Wasserhunde sehen möchten. Er soll im 6. Jahrhundert von den Mauren auf die Iberische Halbinsel gebracht worden sein. Andere schreiben diese Ehre dem **Barbet** zu. Im 8. Jahrhundert waren in Frankreich und in Portugal bereits beide Rassen bekannt. Auch im Mittelmeerraum soll man schon zur Römerzeit wollhaarige Jagdhunde gekannt haben. Die alte kraushaarige Wasserhunde-Rasse aus Italien, der **Lagotto Romagnolo**, wurde erst vor 15 Jahren von der FCI offiziell anerkannt. Holland hat ebenfalls einen Wasserhund, den **Wetterhoun**. In den USA sind drei Wasserhundrassen bekannt: Der **American Water Spaniel**, der **Chesapeake** und der **Boykin**. Der englische **Otterhound** ist selten geworden. Sein Aussehen erinnert uns an den Altdeutschen Schafpudel oder an einen Griffon aus Frankreich, der aus dem Barbet entstanden sein soll. Interessant ist, dass man beim **Spanischen Wasserhund** die gleiche Fell-Eigenschaft findet, wie bei den zotthaarigen Hütehunden aus dem Osten. Das heißt, sein Fell neigt ebenfalls dazu, zu Schnüren oder Zotteln zu verfilzen, wie man das auch beim **Komondor**, beim **Puli**, beim **Südrussischen Owtscharka**, beim **Bergamasker** sowie beim **Schnürenpudel** finden kann.

In einer wissenschaftlichen Studie von Erna Mohr konnte festgestellt werden, dass das Fell des Pulis einerseits mit dem Pudel und andererseits mit dem Tibet Terrier verwandt ist. Das erhärtet die Theorie, dass der Ursprung der zotthaarigen Hütehunde in Asien zu suchen ist. Entsprechende Hinweise hat man auch beim Komondor gefunden. Die Verbreitung dieser asiatischen Langhaar-Hunde in andere Länder fand einerseits im Byzantinischen Reich statt, das im 5. Jahrhundert von Asien bis nach Nordafrika reichte. Die kriegerischen Truppenverschiebungen in diesem ausgedehnten Reich könnten erklären, wie diese asiatischen Hunde über die Mauren nach Portugal gelangen konnten. Andererseits wurden diese wollartigen Vierbeiner in der gleichen Zeit in der Westbewegung der Hunnen auf dem Landweg nach Europa gebracht. Somit wäre es möglich, dass man die zotthaarigen Hütehunde sowie die Wasserhunde auf unterschiedlichen Wegen in den asiatischen Raum zurückführen könnte.

Ursprünglich waren die Pudel im gefleckten Fell verbreiteter als die einfarbigen. Dieser zweifarbige Pudel, der einen Hut aus dem Wasser apportiert, wurde 1867 von J. Jack gemalt. Das Bild steht in der Collection von Mrs. Vincent Astor und man findet es im Buch *Dog Painting 1840 – 1940* von William Secord auf Seite 213.

Der Barbet

Früher war der Barbet als offizieller Vorfahre aller rauhaariger Vorstehhunderassen und des Pudels in der FCI-Gruppe 7 eingeteilt. Ab 1986 findet man ihn in der Gruppe 8 bei den Wasserhunden. Da der Barbet schon vor dem Mittelalter in Frankreich bekannt war, wird er heute als französische Hunderasse bezeichnet. Über seine Herkunft streiten sich die Fachleute. Während die einen glauben, der Barbet sei ein Abkömmling des Portugiesischen Wasserhundes, führen ihn andere auf einen ungarischen Wasserhund zurück.

Der Barbet gehört heute zu den seltenen Hunderassen. Er war dem Aussterben nahe. Zur Rettung wurden in den letzten Jahren auch Großpudel eingekreuzt, was die engagierten Barbet-Züchter Inge Fischer und Rainer T. Georgii bedauern, weil dem Barbet dadurch die Vorsteheigenschaft verloren gehen könnte.

1970 wurde in Frankreich kein einziger Barbet-Wurf eingetragen. Zehn Jahre später ging es mit der Zucht dieser alten Hunderasse wieder aufwärts. Heute wird der Barbet mit seinem fröhlichen Wesen auch als Familienhund gehalten. Sein wasserabstoßendes Fell wird einfarbig oder mit weißen Flecken zugelassen. Damit sein Haarkleid nicht zu stark verfilzt, muss es von Zeit zu Zeit gekürzt werden. Seine typischen Wellen oder Locken bleiben erkennbar, wenn der nasse Barbet nur an der Luft getrocknet wird, also ohne Föhn und Bürste.

Der Wachtelhund

Bouffon führt den Pudel auf eine Kreuzung zwischen dem großen Barbet und dem spanischen Wachtelhund zurück.

Der Wachtelhund wird – wie der Spaniel – zu den Stöberhunden gezählt. Neben dem Aufstöbern ist dieser intelligente Hund auch für die Bringarbeit aus dem Wasser geeignet. Er ist ein sehr feinnasiger Jagdhelfer mit ausgeprägtem Finderwillen.

Sein Ursprung soll Jahrhunderte zurück liegen. Er geht zurück auf die Vogelhunde, die man schon im Mittelalter kannte. Das waren die Begleiter der Jäger, die mit dem Falken jagten.

Das Fell des Wachtelhundes könnte nicht nur in Spanien, sondern auch in Deutschland gut zum Pudel harmoniert und ihm zur guten Nase verholfen haben. Vermutlich waren vor der Reinzucht des Pudels verschiedene Jagdhunderassen am Werk.

Wegen seiner ausgeprägten Leidenschaft zum Jagen wird der Wachtelhund kaum als Familienhund gehalten.

Der Portugiesische Wasserhund

Bekannt ist, dass die portugiesischen Fischer diesen Wasserhund schon im 6. Jahrhundert als tüchtigen und unentbehrlichen Helfer entdeckt haben. Sie halfen, die Netze auszulegen, und sie bewachten die Beute. Sie tauchten ins Wasser, um sinkende Gegenstände zu apportieren und bei Nebel bewahrte ihr Bellen die kleinen Boote der Fischer vor Zusammenstößen. All diese Arbeiten sind inzwischen durch technische Hilfsmittel ersetzt worden und der Portugiesische Wasserhund wurde arbeitslos. Heute wird dieser seltene Wasserhund auch als Familienhund gehalten. Da er seit Jahrhunderten ans selbstständige Arbeiten gewöhnt wurde, ist er eher für hundeerfahrene Leute geeignet. Er ist ein Hund, der beschäftigt sein will. Seine Größe entspricht einem kleinen Großpudel.

Es gibt ihn in den Farben Schwarz oder Braun mit oder ohne weiße Flecken oder einfarbig Weiß. An den Ausstellungen wird für diesen Wasserhund in den FCI-Ländern die alte Löwenschur vorgeschrieben.

Nicht nur das Pudelfell, sondern auch das Fell der Wasserhunde hat die besondere Eigenschaft, keine Allergien auszulösen. Das war der Grund, warum sich die amerikanische Präsidenten-Familie Obama entschieden hatte, einen Portugiesischen Wasserhund ins Weiße Haus zu holen. Gerne nutzte der Präsident freie Momente, um sich mit »Bo« im Garten des Weißen Hauses erholende Auszeiten von seiner anstrengenden Arbeit zu gönnen.

Der Lagotto Romagnolo

Diesen kraushaarigen Hund kannte man in Italien schon sehr lange. Seine Freunde behaupten, dass der Lagotto der älteste aller Wasserhunde sei. Man soll ihn schon um 1600 in den Sumpfgebieten der Romagna gekannt haben. Seine Zucht war zunächst rein zweckgerichtet und so sollen im Laufe der Zeit auch Pointer, Pudel, Spinone und weitere Rassen eingekreuzt worden sein. Wie die meisten Wasserhunde war auch der Lagotto früher als Apportierhund im Einsatz. Seit mehr als hundert Jahren wird dieser robuste mittelgroße Hund in Italien vorwiegend zur Trüffelsuche ausgebildet. In der Zuchtauswahl wird darauf geachtet, dass sein Jagdtrieb möglichst schwach ist, damit er sich im Wald besser auf seine Arbeit konzentrieren kann.

Den Lagotto Romagnolo gibt es in allen Brauntönen, einfarbig oder gefleckt. Seine Größe entspricht ungefähr einem großen Kleinpudel.

Der Wetterhoun

Der Friesische Wetterhoun (Holländischer Wasserhund) ist ein kräftiger, robuster Hund mit der Widerristhöhe eines Großpudels. Seine Herkunft ist unbekannt. Er unterscheidet sich völlig von den anderen Wasserhunden. Einzig sein Lockenfell erinnert entfernt an die Kraushaarhunde. Seine fettige Fellqualität lässt sich nicht mit der Pudelwolle vergleichen. Nur im Frühling werden ihm die abgestorbenen Haare aus dem Fell gekämmt. Er wird als »Ein-Mann-Hund« bezeichnet, Fremden gegenüber verhält er sich zurückhaltend. Er eignet sich gut als Wachhund. Sein bärenartiges, kurzhaariges Gesicht und seine geringelte Rute könnten auf den Einfluss eines Schweizer Sennenhundes oder eines Karelischen Bärenhundes erinnern. Dieser Friesische Wasserhund wurde ursprünglich für die Otterjagd gezüchtet.

Der Wetterhoun war in den 50er Jahren des 20. Jahrhunderts fast ausgestorben.

Der American Water Spaniel

Der American Water Spaniel ist ein mittelgroßer Jagdhund und wurde erst ab 1920 gezielt gezüchtet. Als möglicher Vorfahre wird der Irish Water Spaniel genannt. Das braune Fell des American Water Spaniels ist gewellt oder gelockt und sein Körper soll leicht länger als hoch sein. Mit einer Schulterhöhe von höchstens 46 cm entspricht seine Größe einem großen Kleinpudel. Er wird als intelligent, wachsam und freundlich beschrieben. Wie beim Irish Water Spaniel ist sein Gesicht kurzhaarig.

Er ist ein aktiver und gut bemuskelter Hund, der seine Jagdhilfe oft vom Kahn aus verrichtet.

Auf diesen kleinen Jagdhund mit einem Gewicht von nur rund 18 kg trifft man vorwiegend in Nordamerika.

Der Chesapeake Bay Retriever

Dieser amerikanische Wasserhund wird auf den Neufundländer zurückgeführt, der später mit Wasser-Spaniels, Settern und anderen Jagdhunde-Rassen verpaart wurde. Seinen Namen hat er von der Chesapeake-Bucht an der Küste von Maryland. Gemäß Standard ist er ein robuster, kräftig gebauter und wetterharter Hund. Sein Fell kann rotbraun bis strohgelb sein und sein Haarkleid ist wasserabstoßend, wie die Federn einer Ente. Seine Augen sind hell, gelblich oder bernsteinfarben. Seine Größe entspricht der eines großen Großpudels. Er steht vorwiegend als Jagdhund im Einsatz.

In diesem Zusammenhang ist auch der **Nova Scotia Duck Tolling Retriever** zu erwähnen, der seit 1981 von der FCI anerkannt wird. Man vermutet, dass es sich bei diesem Enten-Apportier-Hund um einen Abkömmling des Chesapeake Bay Retrievers handelt, der sich an der Ostküste Kanadas entwickelt hat.

Der Boykin Spaniel

Der Boykin hat seinen Ursprung in South Carolina. Er wird nach seinem Förderer L.W. Boykin benannt. Unter seinen Vorfahren findet man auch den American Water Spaniel und den Chesapeake Bay Retriever. Er wurde bewusst klein gezüchtet, damit er auch in einem kleinen Boot Platz findet. Seine Schulterhöhe entspricht der eines großen Kleinpudels. Sein Fell ist braun gewellt oder gekräuselt. Der Boykin wird als fantastischer Schwimmer und als vielseitiger Jagdhund gerühmt.

Wie die meisten Wasserhunde zählt auch der Boykin zu den seltenen Hunderassen. Wer ihn als Familienhund halten möchte, sollte wissen, dass er ihm viel Bewegung im Freien anbieten muss. Fehlt ihm eine Aufgabe, beschäftigt er sich selbst, was nicht im Sinne seines Meisters sein wird.

Das Fell des Boykin Spaniels sollte regelmäßig gekämmt werden, damit sich keine Filzknoten bilden.

Der Otterhound

Der Otterhound ist eine englische Rasse und in der FCI-Gruppe 6 bei den Lauf- und Schweißhunden eingeteilt. Seine Ähnlichkeit mit den französischen Griffons ist auffällig. Auch ein Airedale Terrier könnte in der Verwandtschaft vorkommen. Seine hervorragende Nase verdankt er vermutlich dem Einfluss des Bloodhounds. Seine Lust, durch jeden Tümpel zu waten, könnte auf den Barbet oder den Schafpudel zurück gehen. Diese Hunderasse, die den Otter in der Meute jagte, soll man schon vor vielen hundert Jahren gekannt haben. Die Entstehung des heutigen Otterhounds geht aber nur ins 19. Jahrhundert zurück. Er ist ein freundlicher und friedfertiger Geselle, der nicht zu putzsüchtigen Leuten passt, weil er nach einem ausgiebigen Spaziergang schmutzig nach Hause kommt.

Der Spanische Wasserhund

In Spanien wird dieser Wasserhund auch »El Turco Andaluz« (Andalusischer Türkenhund) genannt. Gegen Ende des 18. Jahrhunderts sollen gute Treibhunde auf türkischen Schiffen nach Spanien gekommen sein. Nun wird vermutet, dass sich diese türkischen Hunde mit den spanischen Hütehunden verpaart haben. Wird das Fell des Perro de Agua Español nicht gekämmt, verfilzt es zu Schnüren oder Zotteln, wie wir das von den ungarischen Hütehunden kennen. Er ist kleiner als sein Kollege aus Portugal und es gibt ihn in den Farben Schwarz, Braun oder Weiß, einfarbig oder mit weißen Flecken.

Interessant ist, dass Ludwig Beckmann in seinem doppelbändigen Werk auch einen spanischen Pudel erwähnt, der unserem heutigen Pudel sehr ähnlich sieht.

Der Altdeutsche Schafpudel

Die Altdeutschen Hütehunde kannte man schon im frühen Mittelalter. Die Schafpudel sind mit dem Bearded Collie aus England, dem polnischen PON, dem Schapendoes aus Holland, dem Briard aus Frankreich, dem Berger de Pyrénées und dem Gos d'Atura aus Spanien vergleichbar. Ludwig Beckmann war überzeugt, dass der heutige Pudel mit diesen Hirtenhunden eng verwandt ist.

Den heutigen Altdeutschen Schafpudel kennen wir in verschiedenen Farben. Rudolf Löns (*Die Deutschen Schäferhunde der Gegenwart*, 1927) schreibt zum Schäferpudel folgendes: »Der Hundeliebhaber kann keinen besseren, tüchtigeren, eigenartigeren und auffälligeren Begleithund finden, als den Hirtenpudel.«

Heute trifft man nur noch ganz selten auf einen Altdeutschen Schafpudel. Es gibt ihn in verschiedenen Farben, wobei die weiße Farbe besonders selten geworden ist.

Der Bergamasker

Diesen italienischen Hirtenhund kennt man im typischen Filz-Zottel-Fell und als Herdenschutzhund ist er bereit, den Kampf mit dem Wolf aufzunehmen. Sein Fell ist meistens schwarz, grau oder gefleckt. Seine Größe entspricht dem Großpudel, er ist aber schwerer. Der Bergamasker kann bis zu 40 kg auf die Waage legen. Er ist kein weit verbreiteter Hund. Man kennt ihn vorwiegend in Italien und im Kanton Graubünden in der Schweiz, wo er Schafherden beschützt. Erst am 27.11.1989 wurde er als »Cane da pastore Bergamasco« von der FCI in die Gruppe 1 der Hüte- und Treibhunde eingeteilt. Im Standard wird er als intelligent und unerschrocken beschrieben.

Die typischen Filzzotteln des Bergamaskers bilden sich mit etwa 15 Monaten und sind im Alter von drei Jahren voll ausgebildet.

Er ist ein aufgewecker Hirtenhund, der immer auf eine Aufgabe wartet.

Der Südrussische Owtscharka

Der Südrussische Owtscharka ist der größte der zotthaarigen Hütehunde. Eine obere Grenze der Widerristhöhe ist nicht festgelegt. An Hundeausstellungen wird dieser weiße Riese aus Russland neustens im ausgekämmten Fell gezeigt, so wie wir ihn auf diesem Bild sehen. Ursprünglich soll er aus der Ukraine stammen. Diese Rasse hat einen ausgeprägten Schutztrieb und arbeitet gerne selbstständig. Sie ist robust, mutig und wachsam und Fremden gegenüber misstrauisch. Darum sollte dieser imposante Hund nur zu Leuten kommen, die begabt sind, mit eigensinnigen Hunden umzugehen.

Als Wachhund verteidigt der Südrussische Owtscharka das ihm anvertraute Territorium zuverlässig. Sein Schutztrieb wurde in der Zucht gefördert, was bedeutet, dass er einen Eindringling durchaus mit Zubeißen bestrafen könnte. Als Familienhund sollte er nur gehalten werden, wenn er schon als Welpe in der Familie aufgewachsen ist.

Der Komondor

Der Komondor gehört zu den ungarischen Hunderassen. Dort kennt man ihn schon seit dem 16. Jahrhundert. Ursprünglich soll er aus Asien stammen. Er ist ein großer, robuster Hund, der bis zu 60 kg auf die Waage bringt. Sein elfenbeinfarbiges Fell ist zu regelmäßigen Zotteln verfilzt. Dieses Schnürenfell schützt ihn vor Kälte und vor angreifenden Feinden. Sein Wesen wird als mutig beschrieben. Tagsüber führt ihn der Hirte an der Leine. Nachts soll er frei in der Bewegung sein, um seine Herde zu beschützen, wobei er auch bereit ist, den Kampf mit dem Wolf aufzunehmen.

Man zählt den Komondor wie den ungarischen Kuvasz oder den Pyrenäenberghund zur Gruppe der Herdenschutzhunde, die nicht zum Hüten oder Treiben, sondern ausschließlich zur Verteidigung der Herden gezüchtet wurden. Die Erziehung dieser Hunde ist anspruchsvoll und sollte erfahrenen Hundemenschen vorbehalten bleiben.

Der Schnürenhund

Ludwig Reichenbach beschreibt in seinem Werk *Der Naturfreund* (Leipzig, 1834) einen »Schnürhund« folgendermaßen: Er habe einen Pelz aus Wolle, welche sich zu Filzschnüren drehe. Er erwähnt, solche Hunde kenne man auch in Portugal und in Spanien. Diese Felleigenschaft finden wir beim Spanischen Wasserhund sowie bei den Hütehunden aus dem Osten. Es ist nicht ausgeschlossen, dass diese Hunde durch das Verschieben von Schafherden zu uns gekommen sind. Schon durch die Völkerwanderung der Hunnen sollen solche Hunde erstmals von Asien nach Europa gekommen sein. Bei diesem Schnürenhund könnte es sich um einen direkten Urahn des Pudels handeln.

Die Schnürenbildung kann übrigens auch beim Barbet vorkommen.

Der Puli

Der Puli ist der kleinste der zotthaarigen Hütehunde. Er soll ursprünglich aus Asien stammen. Im 9. Jahrhundert soll der Puli nach Ungarn gekommen sein, wo dieser Hund wegen seiner robusten Gesundheit und seines lustigen Wesens schnell sehr beliebt geworden ist. Er hat ein ausgeprägtes Treibverhalten mit Fixieren und Verbellen. Seine Größe entspricht ungefähr dem Kleinpudel. Wenn man hört, dass durch eine wissenschaftliche Studie von Erna Mohr eine Fell-Verwandtschaft zwischen Puli und Pudel festgestellt werden konnte, erstaunt es nicht, dass bei der Festlegung des Standardlandes für den Pudel auch Ungarn auf diese Ehre hoffte.

Früher wurde der Puli in Ungarn in allen Farben gezüchtet. Heute findet man ihn besonders in den Farben Schwarz oder Weiß. 1924 wurde der Puli offiziell von der FCI anerkannt. Er ist mit dem Mudi und dem Pumi (das sind zwei weitere Hütehunderassen aus Ungarn) eng verwandt und gemäß Erna Mohr wurde auch eine genetische Verwandtschaft vom Puli zum Tibet-Terrier festgestellt. Puliähnliche Nachbildungen soll man schon bei Ausgrabungen in Mesopotamien, dem heutigen Irak, als Grabbeigaben gefunden haben.

Der elegante Pudel

Der kuriose Schnürenpudel

Gegen Ende des 19. Jahrhunderts verlor der Pudel für kurze Zeit seine Popularität. Der vormals sehr beliebte Jagdhund und Spaßmacher wurde als Schnürenpudel zum Renommierhund, der an Hundeausstellungen als Kuriosität zu bestaunen war. Dort ehrte man Pudel, deren Schnüre so lang waren, dass sie am Boden nachgeschleppt wurden. Die artgerechte Haltung war nicht mehr gewährleistet. Solche Aufsehen erregende Pudel wurden vor allem in vornehmen Häusern gehalten. Vorerst gab es für diese Schnürenpudel eine spezielle Klasse an den Ausstellungen. Doch als man feststellte, dass man den Schnürenpudel bei entsprechender Pflege (durch Ausbürsten) auch als Wollpudel zeigen kann, mussten der Schnürenpudel und der Wollpudel zusammen in Konkurrenz im gleichen Ring gerichtet werden. Während man im deutschen Sprachbereich für den Großpudel im Volksmund auch die Bezeichnung »Königspudel« kennt, wurde in Frankreich der Schnürenpudel als Königspudel bezeichnet. Das Interesse an dieser aufwändigen Pflegeart des Pudels konnte sich nicht lange halten und bald traf man nur noch auf den ausgekämmten Wollpudel. Erst um 1980 gab es in England wieder einen perfekt gepflegten Schnürenpudel zu sehen. Heute findet man den Pudel im Schnürenkleid selten. In Frankreich widmen sich vor allem die Züchterinnen Françoise und Nadège Baillargeaux mit ihrer Zucht »De Can'Tzu« dieser speziellen Pudel-Pflege. An der Ausstellung »Nationale d'Elevage« in Le Blanc in Frankreich wurde 2007 eine erfolgreiche Zuchtgruppe aus der »Can'Tzu-Zucht« im Schnürenfell gezeigt. Die heutigen Besitzer von Schnürenpudeln halten die Schnüre ihrer Vierbeiner in einer vernünftigen Länge.

Dieser schwarze Schnürenpudel wurde im Jahr 1900 bei einer Hundeausstellung fotografiert.

Diese erfolgreiche weiße Schnürenpudel-Zuchtgruppe »De Can'Tzu« wurde an der Nationale d'Elevage in Le Blanc (Frankreich) im Jahr 2007 vom Pudelrichter Bruno Nodalli aus Italien auf den ersten Platz gestellt.

Bis 1966 durften bei uns die Pudel im Ring nur in der traditionellen Standard- oder Löwenschur ausgestellt werden. Dieser weiße Pudel wurde 1957 in Paris ausgestellt.

Zum Standard

Der erste Standard für den Pudel wurde 1880 in Berlin für den Großpudel aufgestellt. Mit dem kleinen Pudel befasste sich damals der Schoßhund-Klub. Die Zwergpudel wurden vorwiegend aus Frankreich importiert. Interessant ist, dass man im englischsprachigen Raum für den Großpudel die Bezeichnung »Standard Poodle« aus Deutschland übernommen hat. Im Volksmund in England wird aber der kleine Pudel als »French Poodle« bezeichnet.

Der offizielle FCI-Standard

Es ist dem großen Engagement der ersten Präsidentin des französischen Pudelclubs zuzuschreiben, dass der Pudel heute als französische Hunderasse gilt. In Frankreich führt man den Pudel auf den Barbet zurück. Frankreich wurde aber das Recht, sich als Standardland des Pudels zu bezeichnen, erst zugesprochen, als Deutschland offiziell darauf verzichtete.

Der noch heute gültige Standard wurde von Mademoiselle Jeancourt-Galignani aufgestellt und 1936 von der FCI genehmigt. Seither findet man den Pudel unter den Begleithunden in der Gruppe 9. Vorher wurde er in den Züchtbüchern der Schweizerischen Kynologischen Gesellschaft unter den Jagdhunden eingetragen.

Die Änderungen des ursprünglichen Standards betreffen vorwie-

Die Crufts Dog Show gilt nach wie vor weltweit als größte und wichtigste Hundeausstellung. 1985 schaffte es zum 4. Mal ein Pudel als Crufts Best-in-Show-Winner geehrt zu werden. Es war der schwarze Großpudel Ch. Montravia Tommy-Gun. Er wurde von seiner Züchterin und Besitzerin Marita Rodgers (Gibbs) zu diesem Erfolg geführt. Tommy-Gun zeigt den ausgewogenen kompakten Körperbau und die stolze Haltung von Kopf und Rute. Sein dichtes Wollfell war in der amerikanischen Löwenschur frisiert. Auch das freundliche Temperament dieses Großpudels war sehr pudeltypisch. Es machte ihm großen Spaß, über Feldwege zu rennen und er liebte es sehr, ins Wasser zu steigen.

gend die Vorschriften zur Größe, Farbe und zu den Schurvarianten.

Die bereits erwähnte Mlle M. Jeancourt-Galignani hielt die Standardbestimmungen lange fest in ihren Händen. Ihrer Meinung nach sollte der Kleinpudel das Vorbild für alle Größen sein, und so erschien es ihr in den 50er Jahren richtig, die Obergrenze der Großpudel bei nur 55 cm festzulegen. Dies erwies sich aber als Fehler, denn es hatte beinahe das Verschwinden des Großpudels zur Folge. Dank des Einsatzes vieler Großpudel-Züchter wurde aber erreicht, dass die obere Grenze für den Großpudel wieder bei 60 cm mit einer Toleranz von 2 cm nach oben im Standard festgelegt werden konnte. Dieser Erfolg ist der Europäischen Aktionsgemeinschaft für den Großpudel zu verdanken, die von Robert A. Hüssy aus Magglingen (CH) präsidiert wurde. Das Ziel dieser Vereinigung war die Abschaffung der oberen Grenze der Großpudel, so wie es in England oder in den USA geregelt ist, denn um einen Hund bei einer Größe von rund 60 cm erfolgreich fixieren zu können, braucht es auch einen Spielraum nach oben.

Den vollständigen Wortlaut des Standards findet man auf der Webseite der FCI (www.fci.be) oder auf der Seite des Französischen Pudelclubs (www.clubducanichedefrance.fr). Die allgemeine Beschreibung blieb in den vergangenen 74 Jahren praktisch unverändert.

Dieser Apricot Kleinpudel-Champion steht im Besitz von Jitka Peierova. Die Apricot-Farbe wurde von der FCI 1976 offiziell anerkannt.

Der FCI-Standard Nr. 172 für den Pudel (Caniche)

Allgemeines Erscheinungsbild:

Hund von mittleren Proportionen mit charakteristischem krausen Haarkleid, welches entweder gelockt oder geschnürt ist.

Er hat das Ansehen eines intelligenten, stets wachsamen, munteren sowie harmonisch gebauten Hundes, der den Eindruck von Eleganz und Stolz erweckt.

Wichtige Proportionen:

Die Länge des Fangs ist ungefähr neun Zehntel des Schädels.

Die Länge des Körpers (Schulterblatt – Sitzbeinhöcker) ist etwas größer als die Höhe am Widerrist.

Die Höhe am Widerrist ist fast die Gleiche wie die Höhe an der Kruppe.

Die Höhe am Ellenbogen ist fünf Neuntel der Höhe am Widerrist.

Verhalten / Charakter (Wesen):

Dieser Hund ist bekannt für seine Loyalität und seine Lern- und Dressurfähigkeit, was ihn zu einem besonders angenehmen Gesellschaftshund macht.

Kopf:

Vornehm, gradlinig und in Proportion zum Körper. Der Kopf muss gut geschnitten sein, nicht zu schwer aber auch nicht übermäßig fein.

Oberkopf:

Schädel: Seine Breite beträgt weniger als die Hälfte der Kopflänge.

Von oben betrachtet erscheint der Schädel oval und im Profil etwas konvex. Die Längsachsen von Schädel und Nasenrücken sind leicht auseinanderlaufend.

Die Augenbrauenbogen sind mäßig betont, mit langem Haar bedeckt.

Stirnfurche: Breit zwischen den Augen, zum stark ausgeprägten Hinterhauptbein abnehmend. (Beim Zwergpudel darf das Hinterhauptbein weniger betont ausgebildet sein).

Stopp: Wenig ausgeprägt, aber auf keinen Fall nicht vorhanden.

Gesichtsschädel:

Nasenschwamm: Gut entwickelt, im Profil gesehen senkrecht, geöffnete Nasenlöcher. Bei schwarzen, weißen und grauen Hunden ist die Nase schwarz; bei den braunen ist sie braun. Bei apricot oder rotfalben Hunden kann der Nasenschwamm braun oder schwarz sein je nach Intensität der Apricotfarbe. Bei hellen apricotfarbenen Hunden muss der Nasenschwamm möglichst dunkel sein.

Fang: Oberes Profil gradlinig, in der Länge ca. neun Zehntel der Schädellänge.

Die beiden unteren Kieferknochen verlaufen fast parallel. Der Fang ist kräftig. Das untere Profil des Fangs wird durch den unteren Kiefer bestimmt und nicht durch den Rand der Oberlippe.

Lefzen: Mäßig entwickelt, eher trocken, von mittlerer Dicke. Die Oberlippe liegt auf der Unterlippe ohne überzuhängen. Bei den schwarzen, weißen und grauen Pudeln sind die Lefzen schwarz, bei braunen Pudeln braun. Bei den Apricot-Pudeln und rotfalbenExemplaren sind die Lippen mehr oder weniger dunkelbraun oder schwarz. Der Lefzenwinkel darf nicht ausgeprägt sein.

Kiefer / Zähne: Vollständiges Scherengebiss mit kräftigen Zähnen.

Backen: Nicht hervortretend, durch die Knochen geformt. Die Partie unterhalb der Augen ist gut gemeißelt und gering ausgefüllt. Die Jochbeine sind nur gering betont.

Augen:

Aufgeweckter Ausdruck, in Höhe des Stopp, leicht schräg eingesetzt. Mandelförmige Augen. Schwarz oder dunkelbraune Farbe. Bei den braunen Pudeln dürfen die Augen dunkel bernsteinfarben sein. Die Augenlider sind schwarz bei den schwarzen, weißen und grauen Pudeln, braun bei den braunen Pudeln. Bei den hellen Apricot-Pudeln müssen die Augenlider möglichst dunkel sein.

Ohren:

Ziemlich lang und entlang der Wangen herabhängend. Der Ansatz befindet sich in der Verlängerung einer Linie, die vom Profil der Nasenkuppe ausgeht und unterhalb des äußeren Augenwinkels verläuft. Flach, unterhalb des Ansatzes breiter und an der Spitze abgerundet; sie sind mit sehr langem, welligem Haar bedeckt. Die Spitze erreicht die Lefzenwinkel, wenn man sie nach vorne zieht, idealerweise überlappt sie diese.

Hals:

Fest, Nackenlinie leicht gebogen, von mittlerer Länge und gut proportioniert. Der Kopf wird hoch und stolz getragen. Im Schnitt ist der Hals oval und ohne Wammenbildung. Seine Länge ist etwas geringer als die des Kopfes.

Körper:
Gut proportioniert. Die Länge übertrifft etwas die Höhe am Widerrist.

Obere Profillinie: harmonisch und fest.

Widerrist: Mäßig ausgeprägt. Die Höhe am Widerrist ist fast die gleiche wie die Höhe von der Spitze der Kruppe zum Boden.

Rücken: kurz.

Lenden: fest und bemuskelt.

Kruppe: gerundet, aber nicht abfallend.

Brustkorb: Bis zu den Ellenbogen reichend; in der Breite zwei Drittel der Tiefe entsprechend. Vorbrust: Die Spitze des Brustbeins soll leicht hervortreten und genügend hoch liegen. Bei Großpudeln sollte der Brustumfang – hinter den Schultern gemessen – die Widerristhöhe um wenigstens 10 cm übertreffen. Ovales im Querschnitt, breit im Bereich des Rückens.

Untere Profillinie und Bauch: Aufgezogen, jedoch nicht übertrieben.

Rute:
Ziemlich hoch auf Höhe der Lendenpartie angesetzt (idealerweise „10 nach 9" im Vergleich zur Rückenlinie getragen).

Gliedmaßen:
Vorderhand:
Allgemeines: vollkommen gerade und parallel, gut bemuskelt mit guten Knochen. Die Höhe vom Ellenbogen zum Boden ist etwas mehr als die Hälfte der Widerristhöhe.

Während man bei uns auf dem europäischen Festland die Löwenschur an den Ausstellungen früher immer mit einer offenen, rund geschnittenen Haube auf dem Kopf zeigte, wurde in England und in den USA die lange Kopfhaube mit Gummis zusammengebunden. Die hier abgebildete alte Löwen- oder Standardschur mit den rund geschnittenen Kopfhaaren wird von der FCI nach wie vor als Ausstellungsschur zugelassen, sie ist aber heute an den Ausstellungen von der Bildfläche verschwunden. Sie wirkt veraltet.

In England und in den USA darf man die Pudel in allen Farben ausstellen. In den FCI-Ländern konnten sich die Silberpudel erst ab1966 ihre internationalen Anwartschaften an den Ausstellungen holen. Im gleichen Jahr wurde auch die Modeschur von der FCI zum ersten Mal zum Ausstellen zugelassen. In England und in den USA wird die Modeschur in der offenen Klasse nicht akzeptiert.
Diese Silber-Großpudel-Hündin Bibelot's Tin Pan Allie kommt aus der Zucht von Susan R. Fraser aus Kanada und zeigt sich hier in der Modeschur.

Schulter: schräg liegend, muskulös. Das Schulterblatt bildet mit dem Oberarm einen Winkel von ungefähr 110°.

Oberarm: Die Länge des Oberarms entspricht der des Schulterblattes.

Vorderfußwurzelgelenk: in Verlängerung des Unterarms.

Vordermittelfuß: kräftig und im Profil fast gerade.

Vorderpfoten: eher klein, fest geschlossen, ein kurzes Oval bildend.

Zehen sind gut gewölbt und kompakt. Die Ballen sind hart und fest.

Die Krallen sind schwarz bei schwarzen und grauen Pudeln. Bei den braunen sind sie braun.

Bei den weißen Pudeln dürfen die Krallen jede Farbe von hornfarben bis zu schwarz haben. Bei den Apricot-Pudeln und den rotfalben Exemplaren sind sie braun oder schwarz; möglichst dunkel, je nach Farbe des Haarkleids.

Hinterhand:

Allgemeines: Von hinten betrachtet sollen die Läufe parallel gestellt sein; Muskulatur gut entwickelt und deutlich in Erscheinung tretend.

Oberschenkel: gut bemuskelt und kräftig. Das Hüftgelenk muss gut ausgeprägt sein.

Kniegelenk: Das Femorotibial-Gelenk muss gut ausgeprägt sein.

Sprunggelenk: Das Sprunggelenk ist relativ gut gewinkelt (das Tibiotarsal-Gelenk muss gut ausgewinkelt sein).

Hintermittelfuß: ziemlich kurz und senkrecht. Der Pudel muss ohne Afterkrallen geboren werden.

Hinterpfoten: siehe Vorderpfoten.

Gangwerk:

Der Pudel hat eine tänzelnde und leichtfüßige Gangart.

Haut:

geschmeidig, nicht schlaff, pigmentiert.

Bei schwarzen, braunen, grauen und apricotfarbenen oder rotfalbenen Pudeln muss die Pigmentierung der Farbe des Haarkleides entsprechen. Bei den weißen Pudeln wird eine silbergraue Hautfarbe angestrebt.

Haarkleid:

Haar:

Pudel mit lockigem Haar (Wollpudel): üppig, von feiner, wolliger Textur, sehr gekräuselt, elastisch und dem Druck der Hand widerstehend. Die Wolle soll dicht, reichlich und von gleichmäßiger Länge, gleichmäßige Locken bildend sein.

Schnürenpudel: üppig, von feiner, wolliger und dichter Textur, charakteristische Schnüre bildend, die mindestens 20 cm lang sein sollten.

Farbe:

Einfarbig: Schwarz, Weiß, Braun, Grau, Apricot und Rotfalb.

Braun: Sollte satt, ziemlich dunkel, gleichmäßig und warm sein.
Beige und seine helleren Abstufungen sind nicht zugelassen.

Grau: muss gleichmäßig sein, satt weder schwärzlich noch weißlich.

Apricot: Muss gleichmäßig sein.

Es kann von cremefarben über orange (apricot) bis ins rotfalbene reichen. Augenlider, Nasenschwamm Lippen, Zahnfleisch, Gaumen, natürliche Öffnungen, Hodensack und Fußballen sind gut pigmentiert. Bei hellen Apricothunden muss die gesamte Pigmentierung so dunkel wie möglich sein.

Größe:

In allen Varietäten muss die geschlechtsspezifische Prägung sichtbar sein.

Großpudel: über 45 cm bis zu 60 cm mit einer Toleranz von 2 cm.

Der Großpudel muss eine vergrößerte und entwickelte Reproduktion des Kleinpudels sein und dabei alle typischen Merkmale aufweisen.

Kleinpudel: über 35 cm bis zu 45 cm.

Zwergpudel: über 28 cm bis zu 35 cm.

Der Zwergpudel soll einen verkleinerten Kleinpudel darstellen und nach Möglichkeit dieselben Proportionen beibehalten, ohne Verzwergungsmerkmale aufzuweisen.

Toypudel: über 24 cm (mit einer Toleranz von −1 cm) bis zu 28 cm (das erwünschte Ideal ist 25 cm). Der Toypudel stellt in seinem Gesamtbild das Aussehen eines Zwergpudels dar, und gleiche Proportionen erfüllen alle Standardbedingungen. Alle Merkmale einer Verzwergung sind ausgeschlossen, nur das Hinterhauptbein kann weniger betont sein.

Fehler:

Jede Abweichung von den vorgenannten Punkten muss als Fehler angesehen werden, dessen Bewertung in genauem Verhältnis zum Grad der Abweichung stehen sollte.

Schwere Fehler:

- Augen zu groß und rund oder zu tiefliegend, nicht dunkel genug
- Ohren zu kurz (erreichen nicht den Lefzenwinkel)
- Schräger oder spitzer Fang
- Gewölbter Nasenrücken
- Karpfen- oder Senk-Rücken
- Zu tief angesetzte Rute
- Abfallende Kruppe
- Hinterhandwinkelung zu gerade oder überwinkelt
- Fließende und langgestreckte Gangart
- Spärliches, weiches oder raues Haarkleid
- Unbestimmte oder unregelmäßige Farbe
- Nasenschwamm teilweise ohne Pigment
- Fehlen von 2 PM2.

Disqualifizierende Fehler:

- Aggressive oder ängstliche Hunde
- Hunde, die deutlich physische Abnormitäten oder Verhaltensstörungen aufweisen.
- Mangelnder Typ, speziell am Kopf, was insbesondere auf das Einmischen von fremdem Blut hindeutet
- Hunde, die größer als 62 cm bei Großpudeln und kleiner als 23 cm bei Toys sind
- Fehlende Rute oder natürlich kurze Rute
- Afterkrallen oder Spuren davon an den Hinterläufen
- Hunde, die Verzwergungsmerkmale aufweisen: Apfelkopf, nicht erkennbar ausgeprägtes Hinterhauptbein, übertriebener Stopp, Glotzaugen, zu kurzer, aufgeworfener Fang.
- Praktisch keine Stirnfurche.
- Zu leichter Knochenbau bei den Toys.
- Vollständig eingerollte Rute.
- Fell, welches nicht einfarbig ist
- Alle weißen Flecken am Körper und / oder an den Füßen für alle anderen als die weißen Hunde
- Nasenschwamm vollständig ohne Pigmentierung
- Vorbiss oder Rückbiss
- Jedes Problem der Zahnstellung, das Verletzungen für den Hund zur Folge haben könnte (Beispiel: schlechte Stellung des Eckzahns, der den Gaumen berührt).
- Fehlen eines Schneidezahns oder eines Eckzahns oder eines Reißzahns.
- Oder Fehlen eines PM3 oder eines PM4.
- Oder Fehlen von 3 PM oder mehr (außer PMI).

N.B.

- Rüden müssen zwei offensichtlich normal entwickelte Hoden aufweisen, die sich vollständig im Hodensack befinden.
- Zur Zucht sollen ausschließlich funktional und klinisch gesunde, rassetypische Hunde verwendet werden.

Zusatz zum Standard

Die Beurteilung eines Pudels bei einer Ausstellung ist auf keinen Fall eine Wettbewerbsbeurteilung der Schur. Es sollte nicht zu einer übertriebenen Schur ermutigt werden.

Oben: Die braune Toypudel-Hündin Ch. Grayco Hazelnut feierte ihren großen Erfolg 1982, als sie mit dem Crufts-Best-in-Show-Titel geehrt wurde. Hazelnut erfreute ihre Züchterin und Besitzerin Lesley-Anne Howard über 16 Jahre lang mit ihrem charmanten Pudel-Temperament. Diese Hündin wurde im englischen Saddle Clip ausgestellt.

Unten: Multi-Champion Bay Breeze Home Run von Jolanda Emmisberger ist im Puppy Clip frisiert.

Vorgeschriebene Ausstellungsfrisuren

Die sechs vorgeschriebenen Pudelfrisuren, die zur Zeit an den Ausstellungen zugelassen sind, werden im Zusatz zum Standard erklärt. Vor 1966 war nur eine einzige Pudelfrisur zum Ausstellen erlaubt. Das war die Löwenschur. Seit 1966 wird auch die sogenannte Modeschur in den FCI-Ländern zugelassen. Inzwischen sind es bereits sechs verschiedene Pudelfrisuren, in denen die Pudel an den Ausstellungen präsentiert werden dürfen. Diese werden hier kurz zusammengefasst:

Die traditionelle Löwen- oder Standard-Schur

Als in Frankreich 1936 der erste offizielle FCI-Standard aufgestellt wurde, war zum Ausstellen nur die Löwenschur zugelassen. Sie wurde auch als Standard-Schur bezeichnet und wird wie folgt beschrieben: Der Pudel, gleichgültig ob mit gelocktem oder geschnürtem Haarkleid, wird an der Hinterhand bis zu den Rippen geschoren. Ebenfalls geschoren werden das Gesicht und die Pfoten. Mit der Schere geformt werden die Manschetten an den Sprunggelenken, eventuelle Verzierungen, die auf dem Hinterteil stehen bleiben, der Pompon an der Rute und der langhaarige Wollmantel. Die Pompons an den Vorderbeinen können auch durch sogenannte »Wollhosen« ersetzt werden. Ein kleiner Schnurrbart ist vorgeschrieben. Diese ursprüngliche Löwen- oder Standardschur findet man heute an den Ausstellungen praktisch nicht mehr. Sie wird von der amerikanischen Variante abgelöst.

Der *Continental Clip* ist die amerikanische Variante der alten Löwenschur. Diese Frisur wird im FCI-Standard nicht speziell aufgeführt, sie wird aber seit einigen Jahren auch an den FCI-Ausstellungen toleriert. Diese Ausstellungsfrisur geht wieder zurück zur Löwenschur mit den Pompons an den Sprunggelenken mit dem Unterschied, dass hier die langen Kopfhaare zum sogenannten Topknot zusammengebunden werden. Während bei der alten Löwenschur ein kleiner Schnurrbart erlaubt ist, wird der Pudel im Continental Clip ohne Schnurrbart gezeigt und die abgeschorenen Lenden werden auf beiden Seiten mit einem runden Woll-Muster verziert. In den FCI-Ländern trifft man vorwiegend bei den Großpudeln auf diese amerikanische Löwenschur-Variante. Die Tendenz ist zunehmend. In Italien und in den skandinavischen Ländern werden bereits einige Toypudel in dieser Pompon-Frisur an den Ausstellungen präsentiert. In den USA ist der Continental Clip bei allen Pudelgrößen beliebt.

Die gefällige Modeschur

1966 wurde die allgemein gefällige Modeschur von der FCI offiziell als zweite Ausstellungsschur zugelassen. Das Gesicht muss ausgeschoren werden (der große Bart der Karakul-Schur wird nicht zugelassen). An den Beinen gibt es keine Pompons, sondern Wollhosen. Nur die Rute wird von einem Wollball verziert. Auf dem Rücken wird das Fell bis auf einen Zentimeter geschoren und der Übergang vom Rücken zu den Beinen fließend egalisiert, wobei die Hinterhand so geschnitten wird, dass man die Winkelung erkennen kann. Die Pfoten werden ausgeschoren. Das längere Fell auf dem Kopf wird rund geformt und es geht fließend über den Nacken zum Rücken. Es wird ein langer Ohrbehang vorgeschrieben.

Nach der offiziellen Zulassung der FCI war diese Schurvariante in Deutschland, der Schweiz und in Österreich für ein paar Jahre sehr beliebt. Heute trifft man nur noch bei den Großpudeln ab und zu auf diese Frisur, die für den Pudel an den Ausstellungen gute Werbung machen könnte. In der Praxis ist es leider oft so, dass manche Schönheitsrichter bei zwei gleichwertigen Konkurrenten im Ring dem in der traditionellen Löwenschur frisierten Pudel den Vorrang geben, mit der Begründung, man könne hier die Fellqualität besser beurteilen.

Der japanische Toy-Rüde BIS-Winner Ch. Smash JP Moon Walk wurde erfolgreich im Continental Clip ausgestellt.

Die Kleinpudel-Hündin Ch. Miradel Camilla von Patricia Rose und Peter Young präsentiert den perfekten Topknot.

Der Zwergpudel Zambo zeigt sich hier im Terrier Clip. Diese skandinavische Pudelfrisur wird von der FCI seit 2015 auch zum Ausstellen zugelassen.

In den USA und in England wird diese Frisur in der offenen Klasse zum Ausstellen nicht zugelassen.

Der englische Saddle Clip

Die englische Version der Löwenschur wird seit 1981 auch von der FCI akzeptiert. Sie zeigt an der Hinterhand zwei Pompons. Das Hinterteil des Pudels wird nicht ganz kurz geschnitten und die langen Kopfhaare werden mit Hilfe von Gummis zum sogenannten

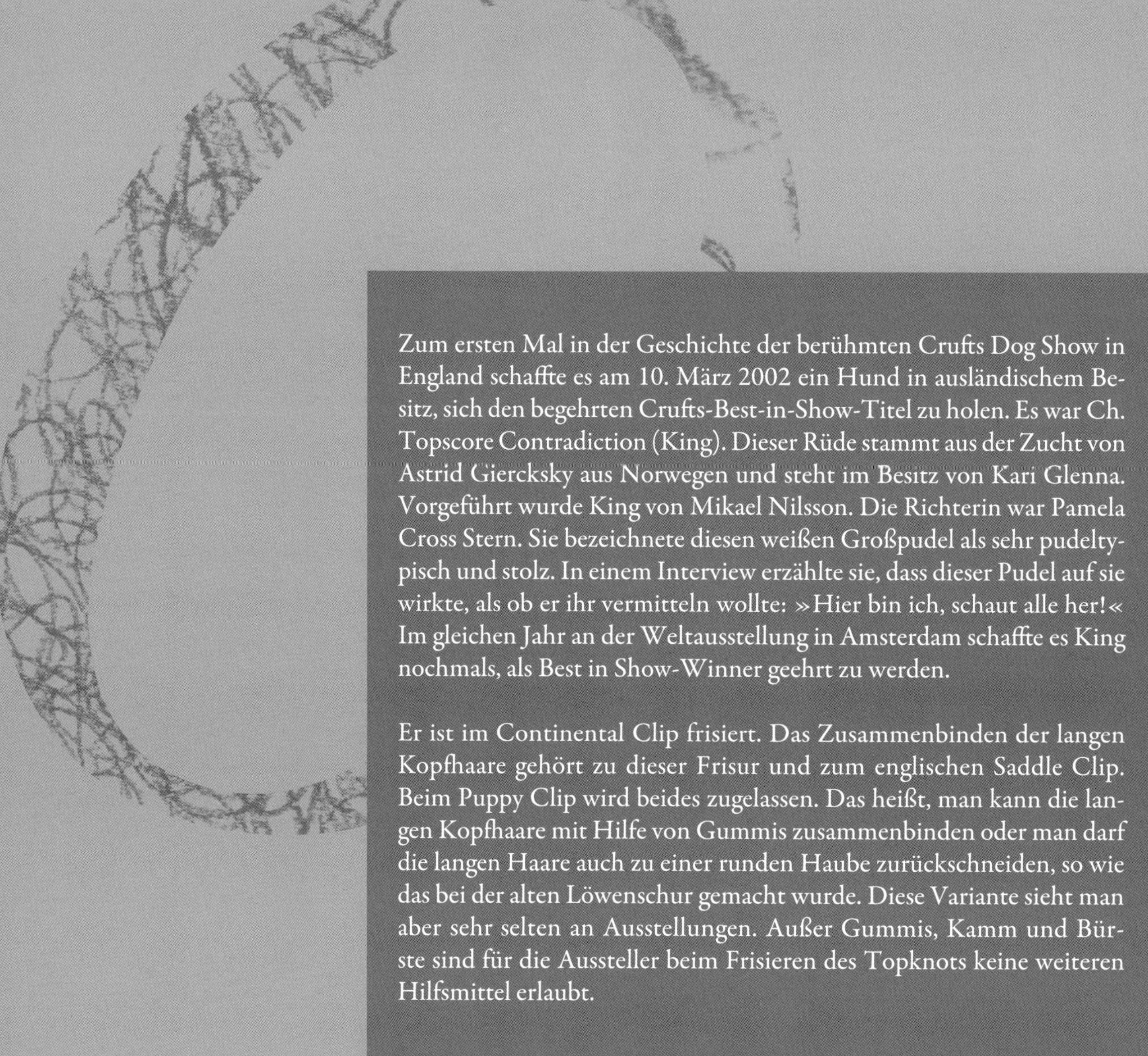

Zum ersten Mal in der Geschichte der berühmten Crufts Dog Show in England schaffte es am 10. März 2002 ein Hund in ausländischem Besitz, sich den begehrten Crufts-Best-in-Show-Titel zu holen. Es war Ch. Topscore Contradiction (King). Dieser Rüde stammt aus der Zucht von Astrid Giercksky aus Norwegen und steht im Besitz von Kari Glenna. Vorgeführt wurde King von Mikael Nilsson. Die Richterin war Pamela Cross Stern. Sie bezeichnete diesen weißen Großpudel als sehr pudeltypisch und stolz. In einem Interview erzählte sie, dass dieser Pudel auf sie wirkte, als ob er ihr vermitteln wollte: »Hier bin ich, schaut alle her!« Im gleichen Jahr an der Weltausstellung in Amsterdam schaffte es King nochmals, als Best in Show-Winner geehrt zu werden.

Er ist im Continental Clip frisiert. Das Zusammenbinden der langen Kopfhaare gehört zu dieser Frisur und zum englischen Saddle Clip. Beim Puppy Clip wird beides zugelassen. Das heißt, man kann die langen Kopfhaare mit Hilfe von Gummis zusammenbinden oder man darf die langen Haare auch zu einer runden Haube zurückschneiden, so wie das bei der alten Löwenschur gemacht wurde. Diese Variante sieht man aber sehr selten an Ausstellungen. Außer Gummis, Kamm und Bürste sind für die Aussteller beim Frisieren des Topknots keine weiteren Hilfsmittel erlaubt.

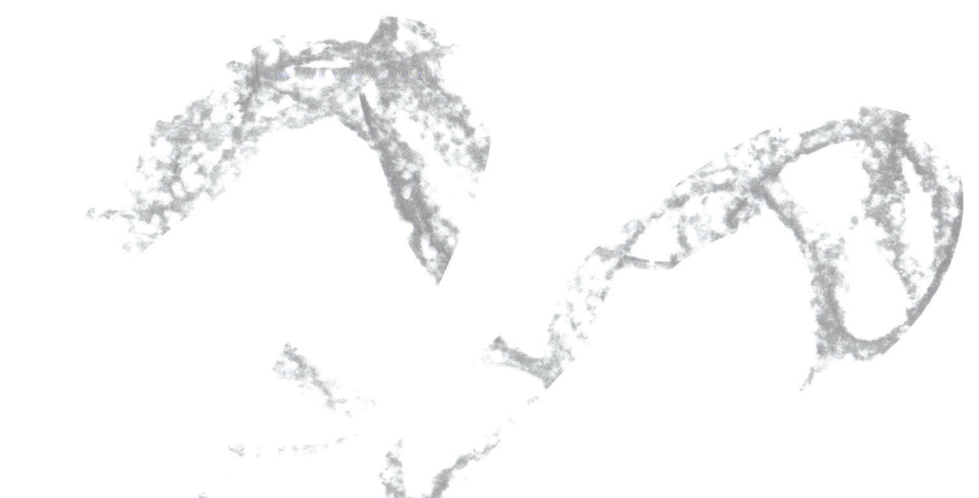

»Topknot« zusammengebunden. Der Schnurrbart wird ganz weggeschnitten. In England war diese Löwenschur-Variante lange die einzig anerkannte Ausstellungsschur. Sie wird auch in den USA zugelassen. Heute gilt diese Ausstellungsschur als veraltet und an den Ausstellungen trifft man nur noch selten auf einen Pudel in dieser Frisur.

Der Puppy Clip
Die Idee, den Puppy Clip als vierte Ausstellungsschur vorzuschlagen, kommt aus Skandinavien, und seit 1987 wird diese Schur von der FCI an den Ausstellungen offiziell zugelassen. Zurzeit ist der Puppy Clip auf dem europäischen Festland die meist verbreitete Ausstellungsschur. Bei dieser Frisur gibt es wie bei der Modeschur nur an der Rute einen Pompon. Man formt aber den Mantel der Löwenschur und auf dem Kopf werden die langen Haare zu einem Topknot zusammengebunden. Diese Frisur wird auch mit einer rund geschnittenen Haube auf dem Kopf toleriert. An den Hundeausstellungen trifft man aber nur ganz selten auf einen Pudel im Puppy Clip, dem die Kopfhaare in eine runde Form geschnitten sind.

In England wird diese Frisur seit einigen Jahren an den Ausstellungen ebenfalls in der offenen Klasse zur Bewertung zugelassen. In den USA darf man die Pudel nur in der Jugendklasse im Puppy Clip ausstellen. »Puppy Clip« heißt in deutscher Sprache Welpenschur. Dieser Puppy Clip war ursprünglich die Vorstufe der Löwenschur, in der man die Junghunde in England und in den USA in der Jugendklasse zeigen durfte, bevor sie in der offenen Klasse in der Löwenschur gezeigt wurden.

Mit der Zulassung der neuen Frisuren gibt es nun auch in den FCI-Ländern den sogenannten Topknot. Dazu werden die langen Kopfhaare mit Gummis kunstvoll zusammengebunden. Diese Aufmachung vermittelt vielen Besuchern einen ungewohnten Eindruck. Bevor man sich darüber empört, sollte man aber wissen, dass es einem Pudel im ausgekämmten Fell viel wohler ist als im verfilzten.

Der Terrier Clip
Gemäß FCI-Standard wird seit 2015 auch der Terrier Clip zum Ausstellen in allen Klassen anerkannt. Diese Schur gleicht genau der Modeschur mit dem Unterschied, dass die langen Ohrenhaare und die Rutenhaare kurz geschnitten werden. Die Rute wird wie bei einem Terrier geschnitten. (Siehe Bild Seite 43)

Ergänzungen zum Standard

Im neuesten FCI Standard Nr. 172 vom 18. April 2007 wird die Rutenhaltung neu definiert. Die unkupierte Rute soll möglichst gestreckt und hoch getragen werden. Eine eingerollte und auf dem Rücken getragene Rute gilt als Fehler.

Die Farbe »Rot« (fauve) wird offiziell als neue Pudelfarbe zugelassen.

Von der FCI wird der Pudel nach wie vor nur einfarbig und nur in den anerkannten Farben weiß, schwarz, braun, grau, fauve apricot und fauve rouge (rot) akzeptiert.

Bei den Toypudeln wird eine untere Grenze bei 24 cm festgelegt, Toypudel von 23 cm werden toleriert, sofern sie dem Standard entsprechen. Erwünscht ist eine Größe von 25 cm.

Erfolgreichste Ausstellungspudel

Bo Bengtson beschreibt in seinem 656-seitigen Buch *Best in Show – The World of Show Dogs and Dog Shows* (KennelClub Books, Freehold USA, 2008) den Pudel als eine der erfolgreichsten Rassen an den Hundeausstellungen.

An den **Weltausstellungen** gelang es bis heute zweimal einem Pudel, als Bester aller Rassen geehrt zu werden.

2007 in Mexiko stand der weiße Toypudel *Ch. Smash JP Talk About* aus Japan auf dem Siegerpodest und 2002 in Amsterdam war es der weiße Großpudel

Ch. Topscore Contradiction aus Norwegen, dem diese große Ehre zugesprochen wurde.

An der großen **Crufts Dog Show** in England wurde folgenden Pudeln der große Pokal des Besten Hundes übergeben:

1955 – Großpudel *Ch. Tzigane Aggri of Nashed*
1966 – Apricot Toypudel *Ch. Oakington Puckshill Ambersunblush*
1982 – Brauner Toypudel *Ch. Grayco Hazelnut*
1985 – Schwarzer Großpudel *Ch. Montravia Tommy-Gun*
2002 – Weißer Großpudel *Ch. Topscore Contradiction*

Westminster-Show in den USA
An der berühmten Westminster-Show in den USA stand 1935 zum ersten Mal ein Pudel als Best-in-Show im Ring. Es war der weiße Großpudelrüde *Ch. Nonsoe Duc de la Terrace of Blakeen*. Duc wurde in der Schweiz geboren und von Lucienne Reichenbach ausgestellt. Seine Eltern stammten aus Deutschland und er kam über England in die USA. Ihm folgte 1943 der englische Kleinpudel *Ch. Pitter Patter of Piperscroft*. 1956 war es der weiße Toy *Ch. Wilber White Swan* und 1959 stand der schwarze Kleinpudel *Ch. Fontclair Festoon* aus England als schönster Hund im Ehrenring der Westminster-Show. 1961 wurde dem Toypudel *Ch. Cappoquin Little Sister* die Ehre des Best-in-Show Hundes zugesprochen. 1973 stand die weiße Großpudel-Hündin *Ch. Arcadia Command Performance* auf dem ersten Platz und 1991 kam der weiße Großpudel-Rüde *Ch. Wisperwind On A Carousel* auf diesen begehrten ersten Platz.

Rechts: Elisa-Marie mit der weißen Großpudel-Hündin Oxenia Rayon d'Soleil, genannt Curly, im Besitz von Jutta Lötsch. Curly zeigt die erwünschte Rutenhaltung.

Unten: Renzo Blumenthal, der ehemalige Mister Schweiz, umarmt hier den roten Großpudel »Leo« anlässlich der Ausstellung »Tierisch nützlich«. Leo steht im Besitz von Familie W. Müller. Er wurde am 7. September 2004 bei Susanne Baldinger als Piccadilly's Surprise Surprise geworfen.

2002 war es die schwarze Kleinpudel-Hündin *Ch. Surrey Spice Girl*, die die Westminster-Show mit dem höchsten Titel verlassen konnte.

Die weiße Großpudel-Hündin Ch. Lou-Gin's Kiss me Kate kam 1979 als erfolgreichster Hund aller Rassen ins Guinness-Buch der Rekorde. Sie holte 140 BIS-Titel und 262 Gruppensiege.

Die Hundeausstellung

Für Züchter sind die Hundeausstellungen sinnvoll. Sie können dort neue Kontakte knüpfen und haben Gelegenheit, neue Zuchtrüden kennenzulernen.

Wenn Sie einen Pudel mit einer von der FCI anerkannten Ahnentafel besitzen, dann sind Sie berechtigt, ihn für eine internationale Hundeausstellung anzumelden. Die Pudel werden frisch gebadet und geschoren im Ring vorgeführt, wobei sie nur in einer der oben erwähnten Ausstellungsschuren bewertet werden. Am einfachsten ist es, wenn Sie vorerst als Zuschauer eine Hundeausstellung besuchen oder wenn Sie sich vom Züchter Ihres Pudels einige Tipps zum Ausstellen geben lassen.

Wichtig ist das Ringtraining. Damit sollte man so früh wie möglich beginnen. Dieses Training kann man mit einem Spiel in Verbindung bringen, so dass es dem Vierbeiner richtig Spaß macht. Geübt wird das Laufen im Kreis. Der Pudel darf weder an der Leine zerren noch mit ihr spielen. Kopf und Rute sollten stolz erhoben sein und die gute Beziehung zum Aussteller muss für den Richter erkennbar sein. Beim Laufen im Ring mit der Konkurrenz darf er sich durch nichts ablenken lassen, auch nicht durch den Pudel, der vor oder hinter ihm läuft. Wichtig ist auch, dass er sich ohne Angst von einer fremden Person betasten lässt. Während der Beurteilung im Ring ist es nicht erlaubt, sich mit dem Richter zu unterhalten und es wird erwartet, dass man sich als Aussteller nichts anmerken lässt, falls man mit der Bewertung nicht zufrieden sein sollte.

In den USA werden an den Ausstellungen die Hunde meistens von professionellen Handlern trainiert, perfekt gepflegt und ausgestellt. Diese Professionalisierung kann auch in den FCI-Ländern beobachtet werden. So wird es für den privaten Pudelliebhaber immer schwieriger, mit seinem geliebten Vierbeiner an einer Ausstellung auf die vordersten Plätze zu kommen. Da ihm diese Chancen fehlen, verliert er sein Interesse an dieser Freizeitbeschäftigung. Das ist bedauerlich, denn es wären genau diese privaten Hundeliebhaber, die mit ihrem normal frisierten Pudel für den vielseitig begabten Hund an einer Hundeausstellung Werbung machen könnten.

Die extravaganten Ausstellungsfrisuren geben häufig Anlass zu Vorurteilen. Die Pompon-Frisur wirkt auf viele Hundefreunde befremdend. Viele scheinen zu vergessen, dass diese wollhaarigen Verzierungen von Menschenhand geformt wurden. Darum muss an dieser Stelle nochmals erwähnt werden, dass auch unter einer außergewöhnlichen oder Anstoß erregenden Frisur ein ganz normaler Hund steckt, der gerne rennt, springt und schwimmt.

Dem Pudel ist es egal, wie er geschoren wird. Er behält in jeder Frisur sein angenehmes und temperamentvolles Wesen, mit dem er seinem Meister gefallen möchte. Vielleicht gehört er auch gerade deshalb heute zu den gesündesten und langlebigsten Hunderassen, weil man sich stets nur mit der Schere an seinem Äußeren »ausgetobt« hat und die Rasse von genetischen Veränderungen durch Selektion auf modebedingte Schönheitsideale im Körperbau, wie es vielen anderen Rassen widerfahren ist, verschont geblieben ist.

Der Schönheits-Champion

An den internationalen Hundeausstellungen werden die begehrten Anwartschaften für den Internationalen Schönheits-Champion-Titel (CACIB) beim Pudel aufgeteilt pro Größe, Geschlecht und Farbe in der offenen oder in der Champion-Klasse vergeben. Bei den Großpudeln, den Kleinpudeln und den Zwergpudeln stehen jeweils die traditionellen Farben Weiß, Schwarz und Braun in Konkurrenz. Das heißt die Anwartschaft geht nur an den besten Rüden und die beste Hündin aus diesen drei Farben. Die Farben Silber, Apricot und Rot werden separat gerichtet, dem Sieger und der Siegerin werden ebenfalls ein CACIB vergeben. Bei den Toypudeln stehen im Kampf um die internationale Anwartschaft alle Farben (Weiß, Schwarz, Braun, Silber, Apricot und Rot) in Konkurrenz.

Hunde, die in der Jugend- oder in der Veteranen-Klasse gezeigt werden, können an diesem Wettbewerb nicht teilnehmen. Für die Vergabe des Internationalen Champion-Titels braucht es vier Anwartschaften (CACIB) aus drei verschiedenen Ländern und von drei verschiedenen Richtern, wobei zwischen der ersten und der letzten Anwartschaft mindestens ein Jahr liegen muss.

Die zweifarbigen Pudel werden zu diesem internationalen Wettbewerb noch nicht zugelassen. Sie können aber in verschiedenen Ländern um einen nationalen Champion-Titel konkurrieren. Die Anwartschaften zu einem nationalen Titel werden oft pro Farbe vergeben. Die Bedingungen zu diesen Titeln sind von Land zu Land verschieden. Darüber erkundigt man sich am besten bei den jeweiligen Pudelclubs.

Abkürzungen

An den Ausstellungen werden Sie folgenden Abkürzungen begegnen:

CAC – Anwartschaft auf den nationalen Champion-Titel (Certificat d'Aptitude au Championat)
CAC IB – Anwartschaft auf den internationalen Champion-Titel (Certificat d'Aptitude au Championat International de Beauté)

BOB – Best of Breed – In dieser Konkurrenz stehen sich pro Größe der beste Rüde und die beste Hündin gegenüber. Dem Besseren von beiden wird das BOB vergeben. Mit dieser Auszeichnung bekommt der Aussteller die Berechtigung, seinen Pudel im Ehrenring zu zeigen.

BOG – Best of Group – Im Ehrenring wird vorerst der Beste jeder FCI-Gruppe gewählt.

BIS – Best-in-Show – In der letzten Ausscheidung im Ehrenring wird unter den besten der jeweiligen Gruppen-Sieger der beste Hund der Ausstellung aller Rassen gewählt.

Die neuesten Pudel-Ausstellungsresultate finden Sie auf den Websites www.planetpoodle.de oder www.poodles-in-scandinavia.com.

Die erfolgreiche weiße Zwergpudel-Hündin Winterdream's Icestorm von Conny Weber ist nicht nur ein mehrfacher Champion, sie zeigt hier, dass ihr auch die Teilnahme am Pudelrennen Spaß macht. Züchterin dieser erfolgreichen Hündin ist Tatjana Rieder.

Der vielfältige Pudel

Verschiedene Größen

In England und in den USA kennt man nur drei Pudelgrößen: Den Standard Poodle, die Miniatures und den Toypudel. Der Standard Poodle ist unser Großpudel. Für ihn ist in England und in den USA keine obere Größengrenze vorgeschrieben. Die Miniatures entsprechen mit ihren höchstens 15 inches (38 cm) ungefähr unseren Kleinpudeln, wobei die untere Grenze der Miniatures bis zum Toypudel reicht. Die Größe der Zwergpudel kennt man nur in den FCI-Ländern. Mit der FCI-Standard-Ergänzung vom 18.04.2007 wird für die Toypudel neu eine untere Grenze bei 24 cm, mit einer Toleranz von 1 cm nach unten festgelegt. In England sollen die Toypudel – wie bei uns – unter 28 cm groß sein, aber ohne Begrenzung nach unten. In den USA wünscht man sich die kleinste Pudel-Variante unter 10 inches (25 cm), eine untere Grenze ist nicht festgelegt. Da in den FCI-Ländern oft mit Pudeln mit englischen oder amerikanischen Vorfahren gezüchtet wird, ist es für den Züchter nicht immer einfach, schon im Welpenalter die endgültige Größe der Nachkommen vorauszusagen.

Das Standardland Frankreich hat die Regelung zu nur drei Größen 1976 verhindert, als es die untere Grenze der Zwergpudel bei 28 cm festlegte. Vorher war es möglich, auch Pudel im Toymaß in der Klasse der Zwergpudel auszustellen.

Beim Pudel kennen wir heute in den FCI-Ländern vier verschiedene Größen:

Großpudel über 45 bis 60 cm mit 2 cm Toleranz nach oben
Kleinpudel oder Mittelpudel über 35 bis 45 cm
Zwergpudel über 28 bis 35 cm
Toypudel unter 28 cm, erwünschte Größe 25 cm, untere Größengrenze: 24 cm mit 1 cm Toleranz nach unten

Der Großpudel

In Deutschland ging man davon aus, dass sich die verschiedenen Pudelgrößen aus dem Großpudel entwickelt haben. In den 1950er Jahren, als über Mlle Jeancourt im FCI-Standard die Schulterhöhe des Großpudels bei nur 55 cm festgelegt wurde, ging das Interesse an dieser Pudelgröße weitgehend verloren. Die Meldezahlen an den Ausstellungen nahmen aber schnell zu, als die Schulterhöhe für den Großpudel auf Druck der Züchter wieder offiziell angehoben wurde. Während zwischen 1960 bis 1970 an den Hundeausstellungen kaum ein Großpudel zu sehen war, wurden an der Weltausstellung in Bern 1994 150 Pudel in der stattlichen Größe von rund 60 cm gezeigt. Man hatte das Glück, auf die ursprünglichen Großpudel zurückgreifen zu können, die in den 30er Jahren aus der Schweiz und aus Deutschland in die USA exportiert wurden. So lassen sich heute viele Großpudel auf den weißen »Duc de la Terrace« zurückführen. Er war ein eindrücklicher Großpudel mit einer Schulterhöhe von 66 cm, der im Besitz der bekannten »Labory« Züchterin Lucienne Reichenbach aus der Westschweiz stand. Sie verkaufte Duc nach England und später kam er in die USA, wo er als erster Großpudel an der Westminster-Show mit dem BIS-Titel geehrt wurde.

Heute ist der Großpudel wieder ein beliebter Hund und viele sind mit ihm in allen Hundesportarten aktiv. Im Kapitel »Der nützliche Pudel« werden Sie auch von Großpudeln lesen, die als Blindenführhunde oder als Assistenzhunde im Dienst von behinderten Menschen stehen oder als ausgebildete Jagdhelfer auf der Entenjagd ihren nützlichen Einsatz leisten.

Der Großpudel bringt trotz seiner Größe von rund 60 cm Schulterhöhe nur ca. 20 bis 25 kg auf die Waage. Dank seines leichten Körperbaus kann der Großpudel im Vergleich mit anderen großen Hunderassen ein überdurchschnittlich hohes Alter erreichen.

Der Kleinpudel

In Frankreich geht man davon aus, dass sich die verschiedenen Pudelgrößen aus dem Kleinpudel entwickelt haben.

Der Kleinpudel ist ein angenehmer Hund, der ebenfalls gerne aktiv im Hundesport mitmacht. In Deutschland kennt man den Kleinpudel Luigi aus der Zucht von Anke Taubitz, der die Rettungshundeprüfung bestanden hat. Das Gewicht dieser Pudelgröße liegt zwischen 7 bis 10 kg und es ist keine Seltenheit, dass er ein Alter von über 16 Jahren erreicht. In der Schweiz, in Frankreich und in Italien wird der Kleinpudel als »Mittelpudel« bezeichnet. Diese Bezeichnung stammt aus der Zeit, als von der FCI erst drei Größen zugelassen waren.

Der Zwergpudel

In alten kynologischen Werken findet man Bilder von Zwergpudeln mit kurzen Beinen und langem Rücken. Das geht auf den Einfluss der Bichons zurück, die zur Reduktion der Pudelgröße eingekreuzt worden sind. Das brachte vor allem für den weißen Zwergpudel den unerwünschten runden Kopf, die runden Augen und die kurzen Ohren. Heute sind die Zwerg- und Toypudel so gut durchgezüchtet, dass sie sich an den Ausstellungen mit den größeren Pudel-Varianten problemlos messen können.

Beim eingekreuzten Bichon erwähnt Richard Strebel einen Malteser, es könnten aber auch ein Bichon Frisé oder ein Bologneser am Werk gewesen sein. Den Zwergpudel nannte man früher auch Seidenpudel, weil sein Fell etwas dünner und feiner war.

Diese handliche Pudelgröße erfreut sich großer Beliebtheit. Im Durchschnitt bringt der Zwergpudel nur ca. 5 – 6 kg auf die Waage. Er ist gerne überall mit dabei. Seine Ausdauer auf Wanderungen ist erstaunlich, und wenn man an die weiße Zwergpudel-Hündin Pebbles von Martin Eberle denkt, die sich den Agility-Weltmeister-Titel in der Sparte »Mini« holen konnte, dann ist es klar, dass es sich bei diesem Pudel nicht einfach um einen Schoßhund handeln kann. Die Zwergpudel erreichen nicht selten ein hohes Alter von 18 Jahren.

Der Bichon

Die Bichons gibt es schon länger als den Pudel. Man findet diese seidenartigen kleinen weißen Hunde schon auf Abbildungen vor unserer Zeitrechnung. Außer dem Havaneser und dem Bolonka, die es in verschiedenen Farben gibt, sind die Bichons weiß. Neben dem Malteser und dem Bologneser gibt es auch den Bichon Frisé und den Coton de Tuléar. Beim Bichon Frisé wird vermutet, dass er schon im Mittelalter von Teneriffa über Italien nach Frankreich gekommen ist. 1928 wurden einige Bichons Frisés an einer Ausstellung in Duisburg als »Teneriffa-Seidenpudel« gemeldet. Heute wird der Bichon Frisé von der FCI als französisch-belgische Rasse anerkannt. Seine Urahnen soll man schon im Altertum in Ägypten gekannt haben. In den 30er Jahren erlebte er einen Aufschwung in Frankreich, wo er zu seinem Namen kam. Dieser kleine weiße Begleithund wird 25 bis 30 cm groß und er bringt zwischen 5 und 7 kg auf die Waage.

Der Toypudel

1912 wurden in den USA die ersten Toypudel registriert. Die meisten waren weiß. Der englische Toypudel-Club wurde 1957 gegründet. 1966 holte sich zum ersten Mal ein Toypudel an der Crufts den Best-in-Show-Titel. Es war die apricotfarbene Hündin Ch. Oakington Puckshill Amber Sunblush von Clare Coxall. 1984 werden die Toypudel auch von der FCI offiziell zugelassen.

Ursprünglich gab es auch in den FCI-Ländern für den Toypudel keine untere Grenze der Größe. Es wurde nur eine Schulterhöhe von unter 28 cm angegeben. Heute ist gemäß FCI-Standard die untere Grenze der Toypudel bei 24 cm festgelegt. Ein Toypudel mit einer Schulterhöhe von 23 cm wird aber toleriert, falls er dem Standard entspricht. Die erwünschte Größe wird mit 25 cm Schulterhöhe angegeben.

Auf Reisen im Zug oder im Flugzeug braucht dieser kleine Pudel mit einem Gewicht von 2,5 bis 4 kg nicht viel Platz. Auch der Toypudel ist ein ausgesprochen aufgeweckter und selbstbewusster Hund und kann ein hohes Alter erreichen. Bei den Toypudeln ist es besonders wichtig, dass mit Eltern gezüchtet wird, die keine Kniescheiben-Probleme haben und bei dieser zierlichen Pudelgröße muss man im ersten Halbjahr besonders gut aufpassen, dass sie nicht vom Tisch oder vom Sofa springen, denn sie könnten sich dabei verletzen. Ausgewachsen sind die Toypudel aber genauso robust und bewegungsfreudig wie die größeren Pudel.

Der Bolonka Zwetna

Dieser kleine russische Hund stammt aus Petersburg. Bolonka Zwetna (russisch: zwetnaja Bolo-

nka) heißt in deutscher Sprache »buntes Schoßhündchen«. Seine Herkunft geht auf die Bichons zurück. Da zur Weiterzucht in Russland zu wenig Bichons zur Verfügung standen, wurden noch andere kleine Rassen beigemischt, wie zum Beispiel der Toypudel. In Deutschland ist diese kleine Hunderasse seit den 80er Jahren bekannt. Bei einer Größe von 24 bis 26 cm Schulterhöhe bringt der Bolonka Zwetna zwei bis vier Kilo auf die Waage. Zurzeit wird dieser kleine Hund von der FCI noch nicht anerkannt. Russland ist aber dabei, den Antrag zur Anerkennung vorzubereiten.

Die von der FCI anerkannten Pudelfarben

Weiß

In der Pudelzucht sind weiße Pudel mit schwarzem Nasenpigment erwünscht. Bei weißen Pudeln, die sich aus der Apricot-Farbe zu crèmefarbigen Pudeln aufhellen und die später fast weiß aussehen, kann der Nasenspiegel etwas weniger stark pigmentiert sein und es kann zeitweise zu einer »Wechselnase« kommen. Die reinweißen und die aufgehellten weißen Pudel aus crèmefarbigen Pudeln sollten nicht miteinander verpaart werden, weil sie genetisch einen anderen Hintergrund haben. Bei den weißen Pudeln werden eine silberfarbig pigmentierte Haut und schwarze Augenlider angestrebt.

Die Albinos mit den roten Augen sind krankheitsanfällig und haben nichts mit der offiziellen Pudelzucht zu tun.

Weiß war zum Beispiel der Hund »Boy«, der 1642 als Geschenk aus einer vornehmen deutschen Zucht zu Prinz Rupert kam. Im Zusammenhang mit diesem Boy wurde das Wort Pudel zum ersten Mal schriftlich festgehalten. (Mehr über diesen Pudel »Boy« findet man auf Seite 20.) Auf Seite 47 kann man mehr über den berühmten weißen »Duc de la Terrace« lesen, der 1935 als erster Pudel an der Westminster-Show (USA) als »Best in Show« geehrt wurde. »Duc« wurde in der Schweiz gezüchtet, er hatte aber deutsche Vorfahren. Mit seiner Schulterhöhe von 66 cm und einem Gewicht von 30 Kilo wirkte er sehr imposant.

Schwarz

Schwarz ist die häufigste Pudelfarbe. Da die schwarze Farbe dominant ist, wird ein reinerbiger schwarzer Pudel mit jeder andern Farbe immer schwarze Welpen bringen. Man sieht es aber dem Pudel nicht an, ob er reinerbig ist oder ob er rezessiv schwarz ist und die Gene für weitere Farben in sich trägt. Da hilft ein Farb-Gen-Test weiter.
Woher die weißen Stichelhaare bei den schwarzen Pudeln kom-

men, ist wissenschaftlich noch nicht geklärt. Man kann aber feststellen, dass bei Verletzungen bei schwarzen Pudeln vorerst oft weiße Haare nachwachsen, die erst später wieder schwarz werden. Bei den rezessiv schwarzen Pudeln kann man die Verfärbung ins Rötliche häufiger feststellen. Das kann durch chemische Einflüsse, wie zum Beispiel durch Chlor im Wasser oder einfach durch die Einwirkung von Sonne und Regen passieren. Auch Tränensekret und Speichel können das schwarze und das weiße Fell rötlich erscheinen lassen.

Will man zur Erweiterung des Genpools schwarze und weiße Pudel miteinander verpaaren, sollte man mit den Nachkommen nicht bei den schwarzen Pudeln weiterzüchten, denn solche Welpen könnten durch den Einfluss der weißen Farbe relativ schnell zur Farbe »blue« (dunkelgrau) ergrauen, die durch die FCI nicht offiziell zugelassen ist. In England und in den USA dürfen alle Farben ausgestellt werden, unter der Bedingung, dass sie einheitlich sind. Da wir hier in Europa auch mit englischen und amerikanischen Linien züchten, sind die Farb-Gen-Tests eine große Hilfe bei Linien, die nicht reinerbig sind.
Der Amerikaner Mackey J. Jirick Jr. schreibt in seinem Buch »The New Poodle«, dass in den USA den Züchtern der schwarzen Pudel zwei frühere Importe Sorgen bereiten. Das sind bei den Großpudeln der graue Ch. Griseley Labory of Piperscroft und bei den Kleinpudeln der graue Ch. Misty Isles Algie of Piperscroft. Diese beiden haben den frühen Ergrauungsfaktor in die schwarzen amerikanischen Linien gebracht, der anschließend über viele Generationen Einfluss genommen hat.

In der Tragödie »Faust« von Goethe wird Mephisto, der sich in einen Pudel verwandelt, von einem schwarzen Pudel gespielt. Der Spruch: »Das also war des Pudels Kern« ist weltbekannt geworden.

Braun

Braun gehört wie Schwarz und Weiß zu den traditionellen Pudelfarben. Die braune Farbe ist aber weniger stark verbreitet. Früher empfand man die braunen Pudel als weniger attraktiv und sie wurden oft günstiger verkauft als die schwarzen Pudel. Braune Pudel entstehen aus einer Verdünnung der schwarzen Farbe und sie wird rezessiv vererbt. Das heißt, nur wenn beide Eltern braun sind, kann man einen ganzen Wurf mit braunen Welpen erwarten. Es können aber auch aus Verpaarungen mit nicht reinerbigen schwarzen Pudeln im Wurf einzelne braune Welpen fallen. Für die Züchter dieser Farbe ist es eine Herausforderung, weil es nicht einfach ist, braune Pudel zu züchten, die ihre schöne Farbe bis ins hohe Alter halten können. Der Ergrauungsfaktor hat sich in einige Linien eingeschlichen und so kann die kräftige Farbe schon im Alter von vier bis fünf Jahren aufhellen. Auch bei den Augen der braunen Pudel muss darauf geachtet werden, dass sie nicht zu stark aufgehellt sind.

Früher sollen die Jäger die braunen Pudel geschätzt haben, weil sie wegen der guten Tarnung im Wald vom Wild nicht so schnell entdeckt wurden.

Wenn man nach berühmten braunen Pudeln sucht, müssen sicher zwei erwähnt werden: An der Crufts 1982 (das ist die weltgrößte Hunde-Ausstellung, die jährlich in England stattfindet) wurde der braunen Toypudel-Hündin »Grayco Hazlenut« der ehrenvolle Preis als bester Hund der Ausstellung zugesprochen. (Ein Bild von Hazlenut sieht man auf Seite 41.)

Der braune Großpudel Ch. King Leo of Piperscroft CDX wurde am 3. April 1930 geworfen. Er war einer der ersten Pudel, der neben seinen Schönheitstiteln auch sechs erste Preise in Obedience

gewann. Seine außergewöhnliche Leistungsfähigkeit konnte zu seiner Zeit auch an einer Spezialvorstellung im Kristallpalast in London bewundert werden.

Grau (Silber)

Im Standard werden die Silberpudel als »grau« bezeichnet, was nicht mit »blue« verwechselt werden sollte. Die dunkelgraue Farbe »Blue« wird im FCI-Standard nicht zugelassen. Die Grauen haben ihre Zulassung seit 1966. Die ersten grauen Pudel wurden aber schon viel früher registriert. Blue und grau (silber) sind eine Verdünnung der schwarzen Farbe und die Vererbung erfolgt rezessiv. Das heißt beide Eltern müssen silbergrau sein, damit der ganze Wurf in dieser Farbe fällt. Erwünscht ist eine möglichst gleichmäßige Farbe. Bei den langen Ohrenhaaren dauert es meistens länger, bis sie richtig durchgesilbert sind.

Die Silberpudel kommen schwarz zur Welt und in den ersten 6 Monaten verwandelt sich ihre Farbe in Silbergrau. Durch das Kürzen des Fells der Welpen kann dieser Prozess beschleunigt werden. Wenn man einem Welpen in dieser Farbe im Alter von acht Wochen das Gesicht ausschert, sieht man im kurz geschnittenen Fell bereits die silbergraue Farbe, was sehr ansprechend wirkt. Gemäß der Standard-Vorschrift wird eine möglichst gleichmäßige Farbe verlangt. Mit dem Verpaaren von Silberpudeln mit anderen Farben sollte man vorsichtig sein, weil man sich damit den frühen Ergrauungsfaktor holt. Das Aufhellen beim dunkleren »Blue« geht langsamer vor sich als bei den silbergrauen Pudeln. Die Bezeichnung »Blue« findet man relativ oft bei Nachkommen aus einer Schwarz/Weiß-Verpaarung. Sie kommen wie die Grauen schwarz zur Welt. Oft ist »blue« einfach eine Bezeichnung für einen schwarzen Pudel, der seine Farbe nicht halten konnte. Interessant ist, dass dem Silberpudel nach Verletzungen an den verletzten Stellen die Haare vorerst schwarz nachwachsen und diese schwarzen Haare beanspruchen nochmals die gleiche Zeitspanne wie bei einem Welpen, der sich von einem schwarzen zu einem silbergrauen Hund verwandelt.

Die silbergrauen Pudel haben schnell viele Liebhaber gefunden. 1950 erregte der kleine graue Toypudel »Masterpiece« großes Aufsehen, weil er seinen Besitzer mit einem stolzen Preis von 20.000 Dollar wechselte. Er wurde zu seiner Zeit als teuerster Hund der Welt gehandelt.

Fauve apricot

Bei einem jungen Pudel sieht die Farbe Apricot immer sehr kräftig und apart aus. Bei dieser Farbva-

riante gibt es die gleiche Herausforderung an den Züchter wie bei den braunen Pudeln. Auch beim Apricotpudel kann es passieren, dass er durch den Ergrauungsfaktor im fortschreitenden Alter ausbleichen kann. Dieser Farbschlag wird von der FCI seit 1977 als offizielle Neufarbe zugelassen. An den Ausstellungen wird ein BOB (Best of Breed) pro Größe unter den traditionellen Farben Weiß, Schwarz und Braun vergeben und die gleiche Auszeichnung kann unter den »Neufarben« (Grau, Fauve apricot und Fauve rouge) geholt werden.

Interessant ist, dass eine Verpaarung von Apricot mit Braun schwarze Nachkommen bringt. Diese Nachkommen werden in der Farbe aber nicht reinerbig schwarz sein.

In England wurde die erste apricotfarbene Pudelhündin im Jahr 1912 registriert. Es war die Hündin Whippendell Abricotinette. 1966 wurde der große Pokal für den besten Hund der der berühmten Crufts Dog-Show in England dem apricot Toypudel Ch. Oakington Puckshill Ambersunblush übergeben. Erst 11 Jahre später, also 1977, wurde diese Pudelfarbe auch von der FCI offiziell zugelassen. Die »roten« Pudel haben den gleichen Hintergrund wie die Apricot-Pudel. Ihr Farbpigment ist aber stärker ausgeprägt. Rot und Apricot lässt sich demnach gut miteinander verpaaren.

Fauve rouge (rot)

Für die Zulassung der »roten« Pudelfarbe wurde lang gekämpft. Seit April 2007 wird nun diese Farbe offiziell von der FCI akzeptiert. Das Farbenspektrum der roten Pudel ist breit. Es geht vom gefälligen Orange bis ins seltene Mahagonifarbige, also in den Farbton der Irish Setter. Im Standard wird diese Farbe als »Fauve rouge« bezeichnet. Diese Farbe scheint zur Zeit noch nicht voll durchgezüchtet zu sein, denn bei Verpaarungen von rot x rot können immer noch Welpen im hellen Apricot (fauve apricot) fallen. Auf Bildern ist dieser dunkle rote Pudel relativ schwer von einem braunen Pudel zu unterscheiden. Es gibt aber ein wichtiges Merkmal: Die roten Pudel sollten einen schwarzen Nasenspiegel haben, während er bei den Braunen immer braun ist. Die »roten« Pudel gleichen genetisch den Apricotpudeln, ihr Hormon für die Pigmentierung (das Melanin) ist aber stärker ausgebildet.

Die Zucht der roten Pudel wurde in den USA mit dem roten Toyrüden Multi-Champion und Best-in-Show-Winner »Jodans's Red Pepper« gekrönt. Red Pepper wurde am 2. August 1981 geworfen und in seiner Abstammung findet man bereits einige rote Vorfahren.

Wer sich wissenschaftlich mit den Pudelfarben auseinandersetzen möchte, kann sich zum Beispiel in den Artikel »Color Genes in the Poodle« von Prof. Dr. John Armstrong vertiefen. Für die Pudelzüchter werden durch die Vermischung der Farben zur Erweiterung des Genpools die Farb-Gen-Tests immer wichtiger. Aus dem Buch *Die Genetik der Fellfarben beim Hund* von A. Laukner, C. Beitzinger und P. Kühnlein (2017) aus dem Kynos-Verlag kann man viel Interessantes zu diesem komplexen Thema erfahren. Bei Fragen rund um die Fellfarben und ihre Genetik kann auch die Website www.laboklin.com weiterhelfen.

Von der FCI noch nicht anerkannte Farbvarianten

Die zweifarbigen Pudel

Vor der systematischen Zucht des Pudels kannte man diesen Wollhund – wie auch seine Vorfahren – vorwiegend zweifarbig. Mlle Jeancourt, die erste Präsidentin des französischen Pudelclubs, erwähnt in ihrem Buch *Les Caniches et leur élevage* (Die Pudel und ihre Zucht, 1937), dass die ersten Pudel meistens zweifarbig waren und dass man seit rund einem Jahrhundert versuchte, diesen Hund einfarbig zu züchten. Im Standard wurde dann festgehalten, dass man den Pudel in der Reinzucht einfarbig haben will. Diese Bestimmung kann aber nicht bedeuten, dass man die Zweifarbigen nicht als Pudel bezeichnen darf, denn sie haben den gleichen Ursprung wie die einfarbigen Pudel.

Die sogenannten Harlekinpudel und die Black and Tan Pudel, die national schon in verschiedenen Ländern zugelassen sind, werden immer beliebter. Auch ein zweifarbiger Pudel ist ein echter Pudel, denn das Scheckungs-Gen steckt im Pudel als Erbanlage. Es mussten also keine fremden Hunderassen eingekreuzt werden, um die zweifarbigen Pudel zu züchten. Diese Anlage wurde zwar durch die Förderung der einfarbigen Pudel unterdrückt, aber nicht ausgeschaltet. Die Freunde dieser zweifarbigen Pudel hoffen nach wie vor, dass sie eines Tages die offizielle Anerkennung der FCI erreichen werden.

Dr. Peter Friedrich, der Präsident des VDH, äußerte sich in einem Interview in der Zeitschrift *Unser Rassehund* (10/2009, S. 16) unter dem Titel »Die Sonnenseite der Vielseitigkeit« wie folgt: »Für mich steht klipp und klar fest: Diese mehrfarbigen Tiere sind eine wunderbare Bereicherung des Hundewesens. Sie sind beeindrukkend schön, und sie sind bei vielen Kennern und Haltern sehr beliebt. Ihnen gebühren eine positive, gesicherte Zukunft und ein Zugang zu den Ausstellungen im Geltungsbereich des VDH. Dafür werden wir kämpfen.«

Nicht nachvollziehbar

Leider läuft es zur Zeit zum Thema »zweifarbige Pudel« über das Standardland Frankreich in eine nicht nachvollziehbare Richtung. Die französischen Pudelfachleute haben inzwischen die zweifarbigen Pudel als separate Hunderasse mit der Bezeichnung »Mehrfarbiger Lockenhund« bei der FCI eintragen lassen. Die Hoffnung, ob sich die andern Länder der FCI gegen dieses Vorgehen von Frankreich noch erfolgreich wehren können, steht zur Zeit auf wackeligen Beinen.

Hier hat nun Frankreich eindeutig nicht mit Weitsicht für die Gesundheit des zweifarbigen Pudels gehandelt. Da es für Züchter mit FCI-Papieren nicht erlaubt ist, verschiedene Rassen untereinander zu verpaaren, kommt diese Maßnahme einem Verbot gleich, die Harlekin- oder die Black-and-Tan-Pudel zur Genpool-Erweiterung und zur Qualitätsverbesserung zwischendurch mal mit einem einfarbigen Pudel zu verpaaren. Damit erweist man dem Pudel sicher keinen Dienst. Die mehrfarbigen Pudel sind beliebt, die Zuchtbasis ist aber relativ eingeschränkt und so würde es zu einem Ahnenverlust kommen, wenn man diese Farbvariante nur unter sich verpaaren dürfte. Natürlich sollte man die zweifarbigen Pudel nicht planlos mit einfarbigen Pudeln vermischen, aber eine solche Verpaarung sollte über eine Sonderbewilligung des jeweiligen Pudelclubs möglich sein, wobei man die einfarbigen Pudel aus einer solchen Verpaarung für die Weiterzucht bei den Einfarbigen sperren könnte. Ein solches Vorgehen wird aber durch den Beschluss von Frankreich verhindert. Jetzt bleibt nur noch ein Hauch von Hoffnung, dass die restlichen Länder der FCI, die den zweifarbigen Pudel bereits national anerkannt haben (seit 2016 gehört auch die Schweiz dazu), sich gegen diesen Beschluss von Frankreich wehren können.

Im offiziellen Standard (www.fci.be) wird erwähnt, dass viel Aufwand betrieben wurde, um den Pudel einfarbig zu erhalten. Hätte der Pudel das Scheckungsgen nicht bereits in sich getragen, wäre dieser Aufwand wohl nicht so groß gewesen. In Frankreich führt man den Pudel offiziell auf den Barbet zurück und den Barbet gab es früher auch zweifarbig. Als Standard-Land für den Pudel kann Frankreich zwar die Bestimmung erlassen, dass der Pudel einfarbig gezüchtet werden muss. Sie können aber keinen Beweis erbringen, warum die zweifarbigen Pudel als »Mehrfarbiger Lockenhund« einer separaten Rasse angehören sollen. Es gibt genug Beweise, dass die Harlekins und die Black-and-Tans genetisch zum Pudel gehören.

Eigentlich sollte man für den aufgeweckten Pudel auch eine vernünftige Lösung für den Eintrag der zweifarbigen Variante finden. Die Standard-Vorschriften sollten eigentlich der Gesundheit des Rassehundes dienen und nicht das Gegenteil bewirken. Den Ländern, die den Harlekin und den Black-and-Tan national weiterhin als Pudel zulassen möchten, bleibt in dieser Sache ein erfolgreicher Kampf gegen das Vorgehen der französischen Pudel-Fachleute zu wünschen. Vorstellbar wäre zum Beispiel ein Eintrag in einem Anhang- oder Sonderregister, das dem Pudelclub einen gewissen Spielraum für Sonderbewilligungen bei begründeten Verpaarungsgesuchen bieten könnte.

Der Harlekin-Pudel

In Deutschland sind die Harlekin-Pudel schon seit einigen Jahren national anerkannt und an den Ausstellungen können sie sich die Anwartschaften zum Titel »Deutscher Champion« holen.

Lieselotte Eckstein, die langjährige Züchterin und Ehrenpräsidentin des Allgemeinen Deutschen Pudelclubs (ADP) stellte die Richtlinien für die zweifarbenen Pudel auf, die bei der Beurteilung zur Vergabe der nationalen Anwartschaften berücksichtigt werden:

Beim Harlekin-Pudel ist die weiße Farbe vorherrschend und sie muss von der schwarzen Farbe scharf abgegrenzt sein. Der Kopf ist schwarz, wobei eine feine weiße Linie von der Nasenwurzel bis zum ersten Halswirbel oder ein weißer Tupfer in der Krone zulässig ist. Gleiches gilt für einen weißen Bart. Die ideale Zeichnung am Körper zeigt zwei oder drei schwarze Platten. Zwei sind entweder nebeneinander vom Widerrist über die Schultern oder von der Nierenpartie bis zur Hinterhand verteilt. Drei Platten sind mehr oder weniger gleichmäßig vom Halsansatz über den Rücken bis zur Rute verteilt. Ein durchgehend schwarzer Rükken beeinträchtigt das Idealbild der Plattenzeichnung, ist aber zulässig.

Farbverhältnis: Vorzugsweise 60 % weiß und 40 % schwarz.

Die Farbvariante Black and Tan (lohfarben)

Liselotte Eckstein, die Ehrenpräsidentin des ADP, machte die überraschende Erfahrung, dass das Black and Tan-Muster, wie wir das zum Beispiel beim Dobermann oder beim Pinscher kennen, als Mutation spontan auch beim Pudel auftreten kann. Als ihr das 1959 passierte, stammte der Vater dieses Wurfes aus der Zucht »de Madjigé« von Mlle Jeancourt, der damaligen Präsidentin des französischen Pudelclubs. Somit bestehen auch bei diesem Farbmuster keine Zweifel, dass es sich um einen Pudel handelt.

Bei dieser Farbvariante ist schwarz vorherrschend. Erwünscht wären 80 % schwarz und 20 % lohfarben (helles Rotbraun). Die farbigen Abzeichen verteilen sich bei diesem Muster über den Augen, an der Halsunterseite, am Mittelfuß der Vorderläufe, an den Pfoten, an den Innenseiten der Hinterläufe und unter der Rutenwurzel. An der Brust zeigen sich zwei gleichmäßige, voneinander sauber abgegrenzte lohfarbene Dreiecke.

Die urtümliche Erbanlage zur Fleckenbildung des Pudels geht auf seine Vorfahren zurück. Das Fleckenmuster findet man bei den Wasserhunden und bei den Jagdhunden. Diese Muster werden beim Pudel rezessiv vererbt, das heißt, man kann nur einen ganzen Wurf Harlekins oder Black-and- Tans erwarten, wenn beide Elternteile Harlekins oder Black-and-Tans sind.

Diese zweifarbigen Pudel werden von gewissen nationalen Pudelclubs – wie zum Beispiel von Deutschland – zur Zucht und Ausstellung zugelassen. Die offizielle Anerkennung der zweifarbigen Pudel durch das Standardland Frankreich und somit durch die FCI lässt aber weiterhin auf sich warten.

Black and Silver

Auch bei der sehr seltenen Farb-Kombination Black and Silver gilt die gleiche Farbverteilung wie bei Black and Tan. Es sieht ebenfalls hübsch aus und im Gegensatz zur Lohfarbe, die im Alter aufhellen kann, bleibt die silbergraue Farbe bis ins hohe Alter erhalten.

Wie die silbergrauen Pudel werden die Black and Silver schwarz geboren. Die typische Fellzeichnung zeigt sich bei dieser Pudel-Variante erst im Alter von ein paar Monaten.

Interessant ist, dass dieses Muster auch beim Ergrauen des alten schwarzen Pudels zum Vorschein kommen kann. Diese Erfahrung konnte ich zum Beispiel bei unserem tiefschwarzen Kleinpudel Georgie (Black Crown's King George) machen. Von Georgie kannte ich den Stammbaum zehn Generationen zurück. Praktisch alle seine Vorfahren waren schwarz, nur ganz wenige waren braun. Andere Farben fand man zehn Generationen zurück nicht in seinem Stammbaum. Bei ihm ergrauten aber im Alter zwischen 15 und 17 Jahren genau die Stellen, die das Muster der Black and Silver-Zeichnung zeigen.

Kürzlich hatte ich den Stammbaum eines schwarzen Pudels zur Erweiterung in Bearbeitung, der diese Black and Silver-Zeichnung schon im Alter von einem Jahr zeigte. Aus diesem Stammbaum war ersichtlich, dass dieses Muster bei seinen Vorfahren zehn Generationen zurück nie vorkommt. Er stammt mehrere Generationen zurück aus schwarzen Vorfahren. Diese Tatsache zeigt deutlich, dass die Mutation zur Zeichnung dieses Musters beim Pudel spontan in Erscheinung treten kann, ohne dass eine fremde Rasse eingekreuzt werden muss.

WEEK ENDING NOVEMBER 17 1951
EVERY WEDNESDAY
ILLUSTRATED
4d.
MY STORY
by WINSTON CHURCHILL
Beginning A Great Exclusive Series—Edited By His Son Randolph Churchill

Der begehrte Pudel

Von der Löwenschur zur Modeschur

Lange wurde der Pudel nur in der Löwen- oder Standard-Schur gezeigt. Daran erinnert auch der Spruch von Wilhelm Busch: »Der Papagei hat keine Ohren und der Pudel ist meist halb geschoren.« Arthur Schopenhauer war ein großer Verehrer des Pudels. Seinem Pudel »Butz« brachte er viele Kunststücke bei und Butz ließ sich sogar von seinem Meister mit einem Körbchen zum Einkaufen schicken.

Richard Wagners bester Freund war der Pudel »Peps«, der ihn 13 Jahre lang auf Schritt und Tritt begleitete und sein brauner Pudel »Rüpel« soll besonders musikalisch gewesen sein.

Ludwig van Beethoven vertonte die »Elegie auf den Tod eines Pudels«. Dann kennt man die überlieferte Geschichte vom Pudel »Moustache« von Kaiser Napoleon dem Ersten. Dieser schwarze Pudel soll 1799 durch seine Wachsamkeit ein ganzes französisches Regiment vor der Gefangenschaft gerettet haben.

In den Jahren des Nationalsozialismus bezeichnete man in Deutschland alle Pudel, die nicht in der herkömmlichen Löwenschur frisiert waren, als »undeutsch« und sie wurden von der Zucht ausgeschlossen. Aber diese extravagante Frisur mit den Pompons an den Beinen und dem kurz geschorenen Hinterteil passte nicht mehr in den Zeitgeist der Nachkriegszeit.

Arthur Schopenhauer mit Pudel-Zeichnung von Wilhelm Busch.

Der Erfolg der Karakul-Frisur

Dass der Pudel in den 50er und 60er Jahren zum beliebtesten Hund aller Rassen wurde, ist dem unermüdlichen Kampf von Hans Thum zu verdanken, der dem kraushaarigen Vierbeiner zum modernen Aussehen verhalf. Seine Karakul-Frisur fand unter den Hundefreunden einen großen Anklang. Dank der sportlichen Erscheinung mit dem Bart im Gesicht, den kurz geschorenen Ohren und der kurzhaarigen Rute, den Wollhosen und des geschorenen Rückens, wurde der Pudel plötzlich für viele zum begehrten Begleiter.

Thomas Mann beschreibt in seinen Tagebüchern, wie er sich über die Schönheit seines Großpudels Niko freute, wenn er frisch geschoren war und Winston Churchill ließ sich gerne von seinem modern geschorenen braunen Zwergpudel Rufus begleiten. Reportern soll er erzählt haben, dass er Rufus als einziges Lebewesen seiner Umgebung schätze, das ihm keine lästigen Fragen stelle und das auch nichts weitererzählen könne.

Mädchen mit zwei Pudeln in der Karakul-Frisur, 1950er Jahre.

Berühmte Schauspielerinnen wie zum Beispiel Grace Kelly oder Liz Taylor oder die Sängerinnen Doris Day und Maria Callas verliebten sich in den Charme des Pudels. Auch Frank Sinatra schenkte Marilyn Monroe einen Pudel. Der bekannte Krimi-Autor

Georges Simenon ließ sich von einem schwarzen Großpudel begleiten. Die Schriftstellerin Gertrude Stein und der Bestseller-Autor John Steinbeck zählten sich ebenfalls gern zu den Pudelliebhabern. Auch Walt Disney konnte dem fröhlichen Wesen des Pudels nicht widerstehen. Seine schwarze Hündin hieß »Duchess«. Plötzlich war der Pudel so beliebt, dass es gar nicht möglich ist, alle berühmten Leute aufzuzählen, die sich an diesem lebenslustigen Vierbeiner erfreuen wollten.

Die Bilder aus den 50er und 60er Jahren zeigen, dass dem Pudel der Sprung vom ehemaligen Jagdhund über den Renommierhund zum Haushund mit Familienanschluss voll gelungen ist. In Frankreich konnte sich die Beliebtheit des Pudels bis heute halten. Auch in den USA stand der Pudel 23 Jahre lang an der Spitze der Rangliste der beliebtesten Hunderassen. Das war in den Jahren von 1960 bis 1982.

Die Kehrseite

Leider hat die Beliebtheit einer Hunderasse immer auch eine negative Seite. Eine gesteigerte Nachfrage kann Züchter anlocken, die mehr ans Geld als an das Wohl des Hundes denken, was der Entwicklung einer Hunderasse noch nie förderlich war. Darum ist es von Vorteil, wenn der Pudel ein Geheimtipp bleibt und wenn sich voll engagierte Leute mit seiner Zucht befassen, denen die Erhaltung der Gesundheit dieses Vierbeiners wichtig ist.

Thomas Mann mit seinem schwarzen Großpudel Niko im Garten seines Hauses in Pacific Palisades im Jahre 1944.

1948 – Marquis François de Breteuil mit seiner Gattin Martine de Belinko (Schauspielerin und Theater-Direktorin) mit ihrem Sohn Henry-François und dem weißen Pudel in der neuen und beliebten Karakul-Frisur.

1963 – Doris Day mit Pudel Muffin.

Der britische Premierminister Winston Churchill verlässt am 12. August 1953 eine Zigarre rauchend und mit seinem braunen Pudel Rufus seinen Wohnsitz an der Downing Street in London.

Dieses Bild zeigt den Pudel Rufus II. Er erreichte ein Alter von 15 Jahren. Rufus II war ein Geschenk von Walter Graebner, dem Verleger der Zeitschrift »Life«.

Rufus I begleitete Sir Winston Churchill durch die Jahre des 2. Weltkrieges. Er war ein Geschenk von Mr. John Colville. Rufus I kam im Oktober 1947 durch einen tragischen Unfall ums Leben (er wurde von einem Auto überfahren), was seinem Meister sehr nahe ging. Beide Pudel genossen im Hause Churchills vollen Familienanschluss. So soll auch den Pudeln das Essen im Esszimmer während der Essenszeit serviert worden sein. Churchill war auch ein Katzenliebhaber.

Oben: 1952 – Filmschauspielerin Elisabeth Taylor mit ihrem weißen Pudel Gee Gee bei ihrer Ankunft in New York, begleitet von Michael Wilding.
Unten: 1965 – Pianist Vladimir Horowitz mit Pudel.

Oben: Grace Kelly und Prinz Rainier in Monte Carlo im April 1956 mit Pudel.
Unten: 1958 – Maria Callas mit Pudel.

Der unwiderstehliche Pudel

Wichtige Abklärungen

Bevor Sie einen Pudelwelpen ins Haus holen, sollten Sie sich ein paar Fragen stellen:

Wie kann ich den Vierbeiner in die Ferienpläne einbeziehen?

Habe ich genug Zeit, Lust und Geduld, um einen jungen Pudel zu pflegen, ihn zur Sauberkeit zu erziehen und ihm das Laufen an der Leine beizubringen und vielleicht sogar nachts aufzustehen, wenn er an einer Magenverstimmung leidet?

Vergessen Sie nicht, dass zu einer hundegerechten Haltung mehr gehört als ein großer Garten. Der Pudel will regelmäßig ausgeführt werden, um neue Gerüche aufzunehmen und um Artgenossen zu treffen. In den ersten Monaten muss aber berücksichtigt werden, dass man mit einem Welpen, der sich in der starken Wachstums-Phase befindet, vorerst keine großen Wanderungen unternehmen kann. Es ist aber trotzdem wichtig, dass Sie den jungen Pudel überall hin mitnehmen, so dass er möglichst früh möglichst viel kennenlernt. Diese Eindrücke helfen ihm, dass er sich später überall wohlfühlen kann, wenn Sie ihn auf eine Reise mitnehmen.

Für kleine Pudel ist in dieser Zeit eine Hunde-Tasche oder ein Hunderucksack praktisch. So wird der kleine Schützling auf den Ausflügen nicht überfordert und kann sich zwischendurch in der Tasche den nötigen Schlaf holen.

Geduld und Vorsicht

Wenn Sie einen Welpen suchen, finden Sie im InternetAdressen von Zuchten, die von offiziellen Pudelclubs empfohlen werden. Handeln Sie nicht überstürzt oder aus Mitleid und unterstützen Sie keine Massenzüchter oder Hundehändler. Vielleicht erfordert es Geduld, bis Sie einen Welpen aus einer guten Hobby-Zucht bekommen, aber es lohnt sich immer, auf einen gut sozialisierten jungen Pudel zu warten.

Bei einem Pudel mit einem FCI-Stammbaum haben Sie die Gewähr, dass die Eltern vor dem Zuchteinsatz auf ihre Gesundheit und ihr Wesen getestet worden sind. Lassen Sie sich die Mutter der Welpen und ihre Gesundheits-Atteste zeigen.

Es ist auch wichtig, dass sich der Züchter oder die Züchterin für die Welpen genug Zeit nehmen kann, um den vierbeinigen Nachwuchs dem Alter entsprechend zu fördern. Die liebevoll aufgezogenen Welpen werden entwurmt, geimpft und mit einem Chip versehen abgegeben.

Besuch der Welpen

Es wäre ideal, wenn Sie die Welpen schon vor dem Kauf besuchen könnten. Dabei ergibt sich die Gelegenheit, die Kleinen beim Spielen zu beobachten. Sie sollen zutraulich und aufgeweckt wirken. Die Welpen sollten im Haus und im Garten geeignete Spielsachen zur Verfügung haben.

Lassen Sie sich die vielen Fragen des Züchters gefallen, denn es ist ein gutes Zeichen, wenn er wissen will, in welche Hände sein Schützling kommen wird.

Wenn Kinder zum Welpenbesuch mitkommen, dann wird man sie auffordern, sich beim Spielen mit den Welpen auf den Boden zu setzen, denn ein Sprung eines quirligen Welpen aus den Armen oder vom Sofa könnte zu einem Beinbruch führen. Es wird auch empfohlen, die jungen Pudel in der stärksten Wachstumsphase, also im ersten halben Jahr, möglichst nicht die Treppen hinunterrennen zu lassen, weil das die Gelenke zu stark belasten könnte. Der Pudel ist ein sehr springfreudiger Hund und im Alter ab sechs Monaten kann er gefahrlos überall hinunterspringen, wo er selber hochgesprungen ist.

Beim Kauf des Welpen aus einer guten Zucht werden Sie einen Fütterungsplan und eine Pflegeanleitung bekommen und man wird Ihnen vielleicht eine Decke und ein Spielzeug mitgeben, damit sich der junge Pudel im neuen Heim schnell wohlfühlt. Man wird Ihnen den Besuch eines Welpenspielkurses empfehlen und zu verstehen geben, dass man die weitere Entwicklung des kleinen Schützlings gerne mitverfolgen würde und dass man bei auftauchenden Problemen beratend zur Verfügung stehen wird.

Rüde oder Hündin?

Wenn Sie die Wahl haben, dann sollten Sie sich unabhängig vom Geschlecht für den Welpen entscheiden, der Sie am meisten anspricht. Rüden können genauso anhänglich sein wie Hündinnen. Anders ist es bei einem Zweithund. Da spielt das »richtige« Geschlecht eine wichtigere Rolle. Wenn Sie bereits eine Hündin besitzen, dann wäre es sinnvoll, wenn der Zweithund auch eine Hündin wäre. Nicht zu empfehlen ist, aus einem Wurf zwei Geschwister gleichzeitig zu kaufen. Sie können sich der Erziehung des Welpen viel besser widmen, wenn Sie vorerst nur einen Vierbeiner ins Haus holen.

Vorbereitung

Bevor Sie einen Welpen zu sich nehmen, sollten Sie sich mit einem guten Buch auf das neue Familienmitglied vorbereiten. Empfehlenswert wäre zum Beispiel *Auf ins Leben – Grundschulplan für Welpen* von Imke Niewöhner aus dem Kynos Verlag. Aus diesem Buch lernen Sie viel zum einfühlenden Umgang mit dem Welpen in den ersten Wochen. Es wird empfohlen, den Welpen im Alter von acht Wochen vom Züchter zu holen. Unter Umständen kann auch eine spätere Abgabe richtig sein. Wenn ein Hobby-Züchter nur Welpen aufzieht, wenn er sich für die Aufzucht und die Sozialisierung wirklich genug Zeit nehmen kann, ist es auch kein Problem, wenn die jungen Pudel erst im Alter von zwölf Wochen zum neuen Besitzer kommen. Solche Welpen haben bereits beim Züchter gelernt, sich im Garten zu versäubern und an der Leine zu laufen. Sie haben die ersten Ausflüge im Auto und im öffentlichen Verkehrsmittel hinter sich, die sie in die Stadt, zum Bahnhof und in ein Parkhaus mit Lift führten und auf Spaziergängen machten sie bereits Bekanntschaft mit anderen Tieren.

Bitte achten Sie darauf, dass Ihr Balkon und der Garten für den Welpen ausbruchsicher sind. Es wäre von Vorteil, wenn Sie sich bereits im Voraus eine geeignete Box besorgen würden, die man auf dem Hintersitz im Auto mit dem Sicherheitsgurt befestigen kann. Diese Box soll so groß sein, dass sie auch dem ausgewachsenen Pudel genug Platz bieten kann. So ist er auf der Fahrt gut geschützt.

Die Heimfahrt

Wenn Sie den Welpen abholen, wäre es für den Kleinen angenehm, wenn Sie nicht alleine fahren würden, damit Sie während der Fahrt mit dem jungen Vierbeiner in Blick- und Körperkontakt sein können. So wird er das erste Vertrauen zu Ihnen aufbauen. Zur Beruhigung könnten Sie ihm in der Box ein Büffelhaut-Spielzeug zum Knabbern geben. Machen Sie sich darauf gefasst, dass die erste Nacht durch das Jammern des Welpen gestört werden könnte, denn ohne seine vierbeinigen Freunde kommt er sich sehr verlassen vor.

Im neuen Heim

Auch wenn Sie später den Pudel nachts nicht im Schlafzimmer haben möchten, empfehle ich Ihnen, in den ersten Nächten den Welpen in seiner verschließbaren Hundebox neben Ihr Bett zu stellen. Sehr geeignet sind die aufklappbaren Stoff-Boxen, die oben eine Reißverschluss-Öffnung haben, damit Sie den Kleinen in den ersten Nächten streicheln können, falls er heulen sollte. Es gibt Welpen, die schockiert sind, wenn sie plötzlich ganz alleine, ohne Mutter und Geschwister schlafen müssen. Dabei ist es hilfreich, wenn Sie in diese Box eine Decke legen können, die Ihnen der Züchter oder die Züchterin mitgegeben hat. Der vertraute Geruch kann den Welpen beruhigen.

Eine verschließbare Box für die Nacht hat den Vorteil, dass das Hundekind schneller stubenrein wird, denn es möchte sein Bett nicht verschmutzen. Wichtig ist aber, dass Sie den Welpen am Morgen so schnell wie möglich ins Freie oder auf einen gesicherten Balkon tragen, damit er dort sein erstes Bächlein machen kann. In den ersten Wochen haben die

jungen Welpen ihre Ausscheidungen noch nicht so gut unter Kontrolle. Darum ist es nötig, dass man schnell reagiert. Man muss wissen, dass sich die Welpen nach dem Schlafen und nach dem Essen immer sofort versäubern müssen. Auch wenn der Welpe plötzlich mit Spielen aufhört und suchend hin und her oder im Kreis läuft, ist es höchste Zeit, den Kleinen auf den Arm zu nehmen und ihn unverzüglich ins Freie zu bringen. Bei einer aufmerksamen Überwachung haben Sie bald einen stubenreinen Pudel. Sollte einmal ein »Missgeschick« passieren, dann denken Sie, es sei Ihre Schuld, weil Sie zu langsam reagiert haben und strafen Sie den Kleinen nicht. Schon nach wenigen Sekunden könnte er das Geschehene nicht mehr mit der Strafe in Verbindung bringen. Je weniger ein »Missgeschick« im Haus passiert, desto schneller wird der Welpe stubenrein.

Stressreaktion

In den ersten Tagen könnte der Welpe eventuell mit leichtem Durchfall auf die Umstellung reagieren. Mit Hilfe von gekochten Karotten, die man püriert und unter das gewohnte Futter mischen kann, sollte diese Stress-Reaktion schnell behoben sein.

Fellpflege ist wichtig

Viele Welpen lassen sich das regelmäßige Bürsten noch nicht gern gefallen. Da lohnt es sich, die Fellpflege in die Einschlafzeit zu verlegen. Nach einem wilden Spiel mit anderen jungen Hunden oder nach einem kleinen Spaziergang wird sich der Welpe zum Schlafen hinlegen. Vor dem Einschlafen wäre es ein günstiger Moment, sein Fell sorgfältig bis auf die Haut durchzukämmen. Mehr über die Pflege des Pudels finden Sie im Kapitel »Der anspruchsvolle Pudel«.

Zahnwechsel beobachten

Es ist wichtig, dass Sie die Zahnentwicklung beim Junghund beobachten. Bei den kleinen Pudeln kann es vorkommen, dass die zweiten Fangzähne bereits durchstoßen, bevor die Milchfangzähne ausgefallen sind. Besuchen Sie dann den Tierarzt, um sicher zu sein, dass bei den bleibenden Zähnen keine Fehlstellung entsteht. Eventuell müssen die Milchfangzähne unter einer Narkose gezogen werden.

In der Zeit des Zahnwechsels sind die Welpen anfälliger für Ohren-, Hals- oder Bindehautentzündungen. Vermeiden Sie Zugluft und lassen Sie im Auto die Klima-Anlage nicht pausenlos laufen und trocknen Sie den Welpen, wenn er auf dem Spaziergang nass geworden ist.

Feuerwerk

Hunde hören besser als Menschen. Darum gehören junge Hunde nicht an eine Feuerwerksveranstaltung, auch wenn Ihr Pudelwelpe sonst so leicht vor nichts Angst hat. Er könnte sich dort einen bleibenden Schaden holen.

Die erste Erziehungsarbeit leistet die Pudelmama …

Erziehung

Die erste Erziehungsarbeit leistet die Pudelmama. Ausflüge der Welpen mit ihrer Mutter festigen das Selbstvertrauen der Pudelkinder.

Für Welpen bis 16 Wochen werden fast an allen Hundeschulen Welpenspielgruppen durchgeführt. Die jungen Hunde genießen es, Kollegen im gleichen Alter zu treffen. Anschließend werden Erziehungskurse für Junghunde angeboten.

Die erfahrene Hundeerzieherin Edelgard Mechsner betont, dass sich der sensible, aufgeweckte und beziehungsfähige Pudel seinem Meister gerne anpasst und dass er in der Regel leicht und schnell lernt, weil er seinem Menschen gefallen möchte. Wird der Umgang mit diesem intelligenten Hund nicht gelenkt, handelt er zum eigenen Nutzen.

Sobald der Welpe zu Ihnen Vertrauen gefasst hat, werden Sie mit einer einfühlenden Lenkung Erfolg haben. Auf eine konsequente und auf Belohnung ausgerichtete Erziehung wird der kleine Schützling meistens gut ansprechen.

Die erste Aufgabe besteht darin, dass der junge Pudel lernt, auf seinen Namen zu hören, so dass Sie ihn abrufen können. Das gelingt schneller, wenn Sie seinen Namen immer nur in freundlichem Ton aussprechen und wenn Sie ihn mit einem Leckerchen locken. Lassen Sie seinen Namen weg, wenn Sie den Welpen mit einem energischen »Nein« ermahnen. Belohnen Sie richtiges Verhalten und ignorieren Sie sein Fehlverhalten. Die Erziehung des Pudels soll ohne Drill geschehen.

In einer weiteren Aufgabe werden Sie dem Welpen das Laufen an der Leine beibringen. Oft hilft es, wenn man den Welpen in den ersten Tagen vom Haus wegträgt und ihn anschließend an der Leine zurücklaufen lässt. Es gibt Welpen, die das Laufen an der Leine schnell lernen und andere, die viel Geduld brauchen. Mit Gewalt werden Sie nichts erreichen. Ein Geschirr an Stelle des Halsbandes könnte am Anfang hilfreich sein. Wenn Sie den Spaziergang abwechslungsreich gestalten, wird es dem Vierbeiner bald Spaß machen, Sie zu begleiten.

Anfänglich begrüßt ein menschenfreundlicher Pudelwelpe ihm entgegenkommende Menschen gerne durch freudiges Hochspringen, später nur noch Bekannte. Sind seine Pfoten schmutzig, sollte man ihn an der Leine zurückhalten.

Hinweise auf gute Literatur zur Welpen- und Hundeerziehung finden Sie im Anhang.

… dann müssen Sie diese Aufgabe mit liebevoller Konsequenz fortführen.

Der anspruchsvolle Pudel

Pudelpflege

1746 schreibt Heinrich Wilhelm Döbel in seinem Buch *Jäger-Practica*, dass die Pudel gegen den Sommer zu scheren sind, weil sich sonst die Flöhe im verfilzten Fell verirren. Weiter erwähnt er, dass man aus den weggeschnittenen Pudelhaaren oder Filz-Zotteln Hüte gefertigt haben soll. Schon damals war bekannt, dass es einem ungepflegten, verfilzten Pudel nicht wohl ist. Die Haut braucht Luft, sonst wird sie schuppig und krank. Beim Wollpudel erreicht man diese Pflege durch Bürsten und Kämmen und beim Schnürenpudel werden aus dem gleichen Grund die Filzzotteln bis auf die Haut voneinander getrennt.

Kämmen

Wie die Lithographie »Les Tondeuses de Chiens« (Die Hundefriseurinnen) von Jean-Jacques Chalon aus dem Jahr 1820 zeigt, gab es schon damals Fachfrauen, die sich auf die Pflege des Pudelfells spezialisiert hatten.

Der Pudel ist ein anspruchsvoller Hund. Sein Fell muss regelmäßig gepflegt werden, damit es nicht verfilzt. Das Bürsten und Kämmen ist nötig, weil man nur so die ausgefallenen Haare aus dem Fell herausholen kann. Die Pudelwolle wird scheitelweise bis auf die Haut gebürstet und gekämmt.

Zum Bürsten eignet sich ein weicher Pudel-Striegel. Das ist eine Drahtbürste mit vielen feinen, gebogenen Drahtborsten. Mit diesem Striegel werden die krausen Wollhaare entwirrt. Anschließend fährt man mit einem Stahlkamm scheitelweise und sorgfältig durchs Fell, bis er ohne Widerstand bis auf die Haut gut durch die Wollhaare kommt. Wenn Sie diese Arbeit mit der nötigen Ruhe und Geduld verrichten, wird sich der Pudel schnell daran gewöhnen. Es gibt Pudel, die man zum Kämmen auf dem Kämmtisch hinlegen kann. So lassen sich die wollhaarigen Beine besonders gut durchkämmen. Man kann den Pudel auch kämmen, wenn er auf dem Tisch steht. Dieser Aufwand zum Kämmen lohnt sich, denn das Resultat werden Sie sehr schätzen: An Ihren Kleidern und auf Ihrem Teppich werden keine Pudelhaare kleben.

Pudel in der langhaarigen Ausstellungsfrisur müssen besonders sorgfältig gekämmt werden. Es wird empfohlen, das Fell vor dem Kämmen mit einem Pflegespray zu befeuchten, damit die langen Haare nicht brechen.

Nach einem Spaziergang durch Feld und Wald finden Sie beim gründlichen Bürsten vielleicht eine Zecke, die entfernt werden kann, bevor sie sich festgebissen hat. Diese kleinen Plagegeister sehen aus wie ganz kleine Spinnen. Zecken, die sich bereits festgesaugt haben, findet man am besten, wenn man den Pudel mit den Fingern bis auf die Haut abgreift. Falls Sie bei dieser Kontrolle auf eine Zecke stoßen, dann sollte diese so schnell wie möglich mit einem geeigneten Hilfsgerät (Zecken-Pinzette oder Zeckengabel) herausgezogen werden.

Scheren

Das Scheren des Pudels hat nicht nur eine sehr lange Tradition, es ist auch eine Notwendigkeit. Einerseits wollte man ihm früher durch das Wegschneiden des Fells am Hinterteil das Schwimmen erleichtern, andererseits wächst diesem Hund das Wollfell überall, auch dort, wo es stört, wenn es zu lang wird, wie zum Beispiel zwischen den Zehen oder im Gesicht. Sobald die Locken auf dem Fang zu groß sind, ist der Pudel in der freien Sicht behindert, was man vermeiden sollte. Dem Pudel sollte das Fell alle sechs bis acht Wochen zurückgeschnitten werden. Das Schneiden der Haare tut nicht weh und dem Pudel ist es egal, in welcher Frisur er geschoren wird. Mit der Schermaschine werden nur das Gesicht, die Pfoten, der Rutenansatz und je nach Frisur der Rücken geschoren. Den meisten Pudeln ist es angenehmer, wenn diese Stellen nicht ganz kahl geschoren werden. Auch auf dem Rücken sollte man einen Scherkopf verwenden, der mindestens 5 mm Fell stehen lässt. Im Gesicht könnte man das Fell auf 2 mm zurückschneiden. Die längeren Haare auf dem Kopf und an den Beinen werden mit der Schere gekürzt. Es ist von Vorteil, wenn die Welpen schon früh an das Rattern der Schermaschine gewöhnt werden. Die meisten Züchter übergeben den Welpen gebadet und mit ausgeschorenem Gesicht dem neuen Besitzer.

Leute, die mit ihrem Pudel gerne im Hundesport aktiv sind, werden sich eher für eine pflegeleichte Kurzhaar-Frisur interessieren. Es ist erstaunlich, wie sehr sich die äußere Erscheinung des Pudels je nach seiner Schur verändern lässt. Ein extravagant frisierter Ausstellungspudel hinterlässt einen ganz anderen Eindruck als ein Pudel im kurz geschnittenen Fell.

Baden

Normalerweise wird man den Pudel vor dem Scheren baden oder immer dann, wenn er besonders schmutzig ist. Bei eisiger Kälte oder bei einem frisch geimpften Welpen sollte man das Pudelbad um ein paar Tage verschieben.

Jeder Pudelbesitzer wird früher oder später in die Situation kommen, dass er das Fell seines Pudels waschen muss. Man geht dabei nicht viel anders vor, als wenn man sich selber die Haare wäscht. Der Züchter Ihres Pudels kennt sicher ein mildes Shampoo, das sich für die Pflege der Pudelwolle besonders gut eignet. Zur Vorbereitung wird der Pudel gut durchgebürstet, damit die losen Haare bereits entfernt sind. Dann legt man eine rutschfeste Matte in die Badewanne und bei offenem Ablauf lässt man aus der Brause handwarmes Wasser über den Pudel laufen, bis sein Fell bis auf die Haut nass ist. Dabei muss man vorsichtig sein, dass kein Wasser in die Ohren läuft. Beim anschließenden Shampoonieren ist darauf zu achten, dass kein Shampoo in die Augen kommt. Das Gesicht wäscht man am besten nur mit Wasser. Mit dem Schaum wird die Pudelwolle wie ein wertvoller Pullover ganz sanft geknetet und anschließend gut gespült. Dann wird das Ganze nochmals wiederholt. Das letzte Spülen muss besonders gründlich erfolgen, so dass keine Shampoo-Reste im Fell zurückbleiben.

Pudel, die ausgestellt werden, müssen vor jeder Ausstellung gebadet und geschoren werden.

Anders als bei den Hunderassen mit nachfettendem Deckhaar, die man nicht oder nicht zu oft baden sollte, ist beim Pudel ein mildes Bad für seine Wolle unschädlich. Das Pudelfell hat aber den Nachteil, dass es vom Regen relativ schnell bis auf die Haut durchnässt wird, weil ihm die wasserabstoßenden Deckhaare fehlen.

Ein Regenmantel für den Pudel kann deshalb eine sinnvolle Sache sein, weil ein durchnässter Pudel nur langsam trocknet und dann in der kalten Jahreszeit schnell friert. Es gibt heutzutage atmungsaktive und sportlich aussehende Regenjacken für Hunde, die auch sportliche Bewegungen mitmachen.

Trocknen

Das Badetuch, mit dem der Pudel nach dem Baden oder Duschen abgerubbelt wird, sollte in Griffnähe sein. Wenn Sie keinen Standföhn besitzen, dann brauchen Sie Hilfe. Jemand soll Ihnen mit dem Handföhn auf mittlerer Stufe laufend immer an die Stelle blasen, an der Sie mit der speziellen Pudelbürste das Fell aufbürsten. So werden die Pudelhaare am schnellsten getrocknet. Der Föhn muss aber immer leicht bewegt werden, damit es auf der Haut des Pudels nie zu heiß wird. Wenn der Pudel trocken ist, wirkt sein gestrecktes Fell besonders luftig und flauschig. Wer gerne einen Lokkenpudel hat, der kann im Sommer seinen Pudel in der Kurzhaarfrisur an der warmen Luft statt mit Bürste und Föhn trocknen lassen.

In den Hundesalons, wo das Fell anschließend geschnitten wird, ist das Aufföhnen sehr wichtig, weil sich das gestreckte Fell viel einfacher in die gewünschte Form schneiden lässt.

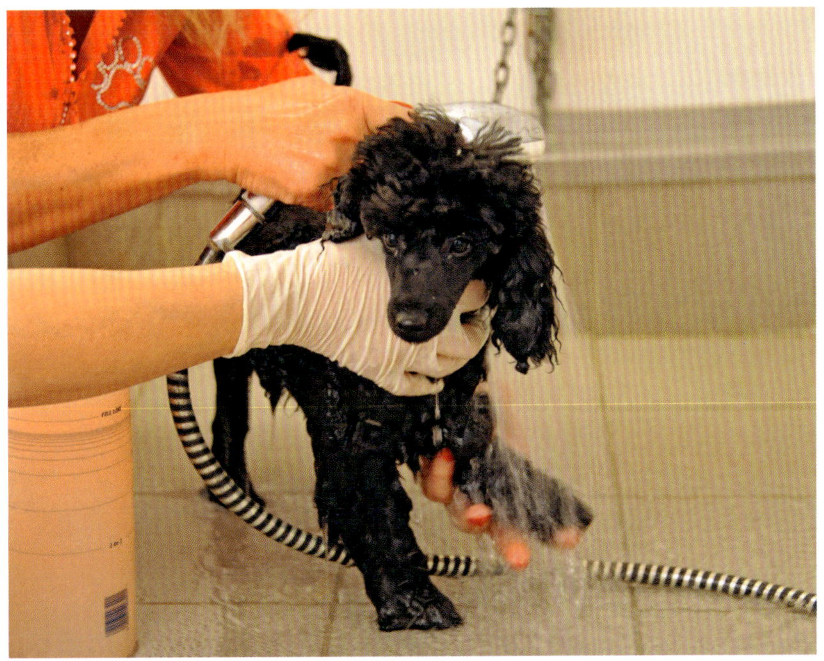

Junge Pudel müssen sorgfältig an das Baden im Salon gewöhnt werden und dürfen keine negativen Erfahrungen dabei machen.

Pudelpflege im Hundesalon

Im Hundesalon wird mehr als nur das Baden und Scheren des Pudels angeboten. Wenn nötig werden dort auch die Krallen gekürzt und die Ohrhaare gezupft, um den Gehörgang freizuhalten. Manche wagen sich auch an das Putzen der Zähne und die Analdrüse wird kontrolliert und nötigenfalls noch in der Badewanne ausgedrückt.

Mit dem Scheren sollte man bei einem Welpen nicht zu lange zuwarten, damit er sich rechtzeitig an die Schermaschine gewöhnen kann. Viele Züchter scheren ihren

Pudelwelpen schon im Alter von sechs Wochen das Köpfchen und die Pfötchen aus, um sie an diese Prozedur zu gewöhnen.

Wer seinen Pudel nicht ausstellen möchte und Lust hat, sich im Scheren des Pudels selber zu üben, kann sich in einem guten Zoofachgeschäft eine Schermaschine mit drei verschiedenen Scherköpfen und eine gute Schere besorgen. Auch Krallen-Zangen werden dort angeboten. In der *Kynos Trimm- und Pflegefibel* von Renate Dolz aus dem Kynos Verlag werden Sie ein paar hilfreiche Anregungen finden, wenn Sie sich selber an diese Arbeit wagen wollen.

Falls Ihnen der gewünschte Haarschnitt nicht schon beim ersten Versuch gelingen sollte, könnten Sie Ihren Pudel im Sommer nochmals unter die warme Dusche stellen und ihn statt mit Föhn und Bürste an der frischen Luft trocknen lassen. Die ungleichmäßig geschnittenen Haare wären im Lok-

Nur an den Hundeausstellungen gibt es Schurvorschriften für den Pudel. Die Pudelbesitzer, die ihren Vierbeiner nicht ausstellen, können seine Frisur natürlich frei wählen. Er kann auch pflegeleicht oder allgemein gefällig frisiert werden.
Das Schneiden der Ausstellugsfrisuren erfordert vom Groomer ein künstlerisches Talent. Die Hundecoiffeuse oder der Hundecoiffeur sollte die Begabung haben, mit der Form des geschnittenen Fells die Harmonie des Körpers positiv zu betonen, damit im Bewertungsring die Eleganz des Pudels optimal präsentiert werden kann. Der Ausstellungspudel Tim wurde für seinen nächsten Auftritt im Ring von Meisterhand frisiert.

kenfell viel besser versteckt als im aufgeföhnten Fell.

Pflege im Winter

Die Pudel lieben die kalte Jahreszeit mehr als die Sommerhitze. Der Winter bringt auch den Vorteil, dass die Zecken nicht aktiv sind. Bei Temperaturen unter dem Gefrierpunkt sollte man möglichst auf ein Pudelbad verzichten, denn ein frisch gebadeter Pudel im luftigen Fell friert schneller. Auch die Haare sollten ihm nicht während der größten Kälte zurückgeschnitten werden. Das Fell der ganz jungen und der sehr alten Pudel ist dünner und es bietet im Winter weniger Schutz. Ein Hundemantel als Wärmespender kann in solchen Fällen sinnvoll sein.

Der Pulverschnee, der bei Temperaturen unter dem Gefrierpunkt fällt, ist für den Pudel meistens kein Problem. Anders ist das beim Nassschnee, bei wärmeren Temperaturen. Dieser klebt im Pudelfell wie ein Schneeball und es bilden sich an den Beinen schwere Klumpen, die man am einfachsten in der Badewanne mit warmem Wasser wegspült, was anschließend wieder das Trocknen mit Föhn und Bürste nach sich zieht. Wenn die eisig harten Schneeballen an den Beinen nicht riesig sind, kann man die Pfoten zu Hause auch einzeln in eine kleine Schüssel mit warmem Wasser tauchen, um das Eis aufzulösen und anschließend die Pfoten mit einem Frottiertuch trocknen. Vor einem längeren Spaziergang durch den Schnee könnten Sie Ihrem Pudel die Beinhaare mit einem öligen Pflege-Spray (zum Beispiel »Coat & Skin Conditioner« von Mr. Groom) besprühen. So wird der Schnee viel weniger im Fell kleben. Wenn Sie den Pudel nicht vom angeklebten Schnee befreien, dann greift er zur Selbsthilfe. Dabei frisst er viel zu viel Schnee und die Folge wäre eine Magenverstimmung mit Durchfall.

Im Winter ist es empfehlenswert, die Pfotenballen mit einer Pfotenschutz-Crème aus dem Zoofach-

geschäft zu behandeln. Zur Not könnte auch Melkfett oder Vaseline den Zweck erfüllen. Auf die Dauer sind die Pfotenschutz-Mittel aus dem Fachgeschäft vorzuziehen, weil das Melkfett die Pfotenhaut bei regelmäßiger Anwendung zu fein und somit zu empfindlich machen würde. Gesalzene Straßen strapazieren die Hundepfoten sehr, und sobald das nasse Salz in einen Hautriss eindringen kann, empfindet das der Pudel als starken Schmerz und er fängt an zu jaulen und zu humpeln. Waschen Sie ihm zu Hause die salznassen Pfoten mit warmem Wasser. Wer im Winter bei eisiger Kälte mit dem Pudel den ganzen Tag im Schnee oder auf gesalzenen Straßen unterwegs ist, könnte sich in einem Fachgeschäft nach Pfotenschuhen erkundigen.

Besonders für Schlitten- oder Rettungshunde gibt es heutzutage sehr gute Pfotenschuhe, die gut sitzen, die Bewegung nicht behindern, verschleißfest sind und guten Halt auf verschiedenen Untergründen bieten.

Pflege im Sommer

Wie die meisten Hunde lieben auch die Pudel die heißen Sommertage nicht. Das Wollfell am Körper des Welpen kürzt man in den ersten fünf Monaten nur mit der Schere, wobei man auf dem Rücken ungefähr drei Zentimeter lange Haare als Schutz vor der Sonne stehen lassen soll. Auch bei alten Pudeln ist der Fellschutz vor der brennenden Sonne wichtig, weil ihr Fell nicht mehr dicht ist. Mit einem völlig kahlgeschorenen Rücken könnte der Pudel einen Sonnenbrand einfangen. Achten Sie darauf, dass Sie auf dem Hundespaziergang nicht nur an der prallen Sonne laufen müssen. Sommerferien in den Bergen genießen die Pudel sehr. Dort ist es nicht nur kühler, auf einer Höhe von über 1500 m über Meer gibt es auch keine Zecken.

Lassen Sie den Pudel nie im geparkten Auto an der Sonne stehen, denn die Temperatur im Auto steigt viel zu schnell in eine lebensgefährliche Höhe. Das kann auch im Frühling oder im Herbst gefährlich sein.

Der Schnürenpudel

Ein Pudel im Schnürenfell sieht zwar außergewöhnlich aus, aber es ist keine zu empfehlende Pflegeart. Viel Arbeit macht sie vor allem am Anfang, bis sich die regelmäßigen Schnüre gebildet haben. Die Filz-Zotteln müssen immer wieder bis auf die Haut voneinander getrennt werden. Später ist der Pflegeaufwand nicht mehr so groß, dafür haben Sie mit einem Schnürenpudel einen Hund, der nicht im Regen spazieren gehen sollte und nicht schwimmen gehen darf, denn die durchnässten Filzschnüre werden für den Pudel zur Last. Nach einem Spaziergang durch den Regen dauert es mindestens zwei Tage, bis die Filzzotteln wieder trocken sind und in dieser Zeit wird der Pudel den unangenehmen Geruch eines nassen Wollpullovers verbreiten.

Nicht jedes Pudelfell lässt sich in einen Schnürenpudel verwandeln, aber jeder Schnürenpudel lässt sich nach dem Rückschnitt durch das Ausbürsten als Wollpudel pflegen. Die Bildung zu regelmäßigen Haarsträhnen lässt sich am besten im nassen Fell erkennen. Ein solches Experiment sollte im Sommer geplant werden. Es wird empfohlen, dem zehn bis zwölf Monate alten Pudel das 10 bis 15 cm lange Fell normal mit Shampoo zu waschen. Anschließend soll man die Haare an der Luft (das heißt ohne Föhn und Bürste) trocknen lassen. Falls die nötige Anlage vorhanden ist, sollten sich auf diese Weise die regelmäßigen Spiral-Zotteln bilden, die anschließend säuberlich voneinander getrennt werden müssen.

Zahnpflege

Die jährliche Zahnkontrolle beim Tierarzt ist beim kleinen Pudel (wie bei allen kleinen Hunden) wichtig, weil die der Zahnsteinbildung stärker unterworfen sind. Die Tierärzte raten davon ab, den Zahnstein im Hundesalon wegkratzen zu lassen, da so der Zahnstein nicht aus den Zahntaschen entfernt werden kann. Dadurch kann der Zustand der Zähne schlechter werden, ohne dass es äußerlich zu erkennen ist. Bei Bedarf wird der Tierarzt eine professionelle Zahnreinigung in leichter Narkose verordnen.

Die Zahnsteinbildung hängt aber nicht allein von der Größe des Pudels ab. Auch die Zusammensetzung des Speichels oder die Ernährung oder die entsprechende Veranlagung können eine Rolle spielen. Der Einsatz einer Ultraschall-Zahnbürste kann bei der regelmäßigen Zahnpflege zuhause hilfreich sein. Diese Behandlung hilft aber am besten vorbeugend, bevor sich der Zahnstein gebildet hat. Auf keinen Fall sollte man den Zahnstein zu lang anstehen lassen, weil er den Zahnhals aushöhlen kann, was zu einem verfrühten Zahnausfall führen wird.

Ein weiterer Grund zum vereinzelten frühen Verlust bleibender Zähne bei den kleinen Hunden könnte zum Beispiel die verringerte Substanz des Kieferknochens sein, die den relativ großen Zähnen vielleicht keinen dauerhaften Halt bieten kann. So könnte man es sich erklären, warum kleine Hunde wie zum Beispiel die Toypudel, schon in jungen Jahren einzelne bleibende Zähne verlieren können.

Am einfachsten ist es, wenn sich die Hundebesitzer selber an die Arbeit wagen und sie ihren kleinen Vierbeiner an die regelmäßige Zahnpflege gewöhnen.

Anne Abile-Gal träumte schon immer von einem Schnürenpudel. Sie wusste aber, dass sie sich diesen Wunsch nicht so leicht erfüllen kann, weil nicht jeder Pudel die Anlage zur Schnürenbildung in sich trägt. Eines Tages entschloss sie sich, einen schwarzen Großpudelwelpen zu kaufen. Es war Arius de l'Ame du Prince des Hortillons, den sie »Jules« nannte. Im ersten Jahr pflegte sie Jules mit Bürsten und Kämmen, so wie das beim Pudel üblich ist. Dann ließ sie diese Fellpflege beim ungekürzten Fell für sechs Monate bleiben und es kam ihr vor wie ein Wunder, als sich die Haarsträhnen von Jules langsam in gleichmäßige Filz-Zotteln verwandelten.

Um 1995 war der schwarze Großpudel Jules von Anne Abile-Gal aus Frankreich der einzige Schnürenpudel auf dem europäischen Festland, und so wurde er in vielen Hundezeitschriften in seiner exklusiven Frisur vorgestellt. Er trug seine Filz-Zotteln in einer vernünftigen Länge von ungefähr 40 cm. Anne Abile-Gal erinnert sich, dass sie, wenn für Jules ein Bad vorgesehen war, alle anderen Termine absagte, denn anschließend war sie stundenlang damit beschäftigt, die Filzschnüre ihres Pudels mit Hilfe des Föhns zu trocknen. Im nassen Zustand war Jules bis zu 20 kg schwerer als im trockenen Fell. Diese Bade-Prozedur wiederholte sich nach ein paar Monaten. Als Jules ins höhere Alter kam, befreite ihn die Besitzerin von diesen Filz-Schnüren. Die weggeschnittenen Schnüre brachten drei Kilo auf die Waage.

Der temperamentvolle Pudel

Unverkennbar

Es gibt ein paar unverkennbare Eigenschaften, die einen Hund zum Pudel machen. Das sind zum Beispiel seine temperamentvollen Freudensprünge, mit denen er seinen Menschen schon nach kurzer Abwesenheit begrüßt. Einmalig sind auch sein leichtes, tänzelndes Gangwerk, seine enorme Sprungkraft, seine eleganten Bewegungen der Vorderbeine beim Spielen, die an eine Katze erinnern und seine angeborene Fähigkeit, leicht auf den Hinterbeinen balancieren zu können. Mit seiner fröhlichen Art vermittelt er große Lebensfreude. Sein einfühlendes Wesen ermöglicht zwischen Pudel und Betreuer eine wortlose Verständigung, was oft als Seelenverwandtschaft bezeichnet wird und der Pudel lässt seinen Menschen spüren, dass er bereit wäre, sich in der Not für ihn einzusetzen.

Als ich John Suter, den »Poodle Man« aus Alaska, nach dem Wesensunterschied zwischen Pudel und Husky fragte, erzählte er mir eine Beobachtung seiner Frau, die sie während der Schlittenhunde-Rennen machte: Fällt ein Musher vom Schlitten, dann freut sich der Husky über die unerwartete Freiheit. Er rennt davon und hofft auf ein Fangspiel mit seinem Meister. In der gleichen Situation läuft der Pudel zum Hingefallenen. Er leckt ihn im Gesicht, so, als ob er ihn fragen wollte, »Hast Du Dir weh getan?«

Was ebenfalls zum Pudel gehören kann, ist ein mehr oder weniger stark ausgebildeter Jagdtrieb. In der Ausbildung zum Jagdhelfer wird dieser Trieb in die richtigen Bahnen geleitet. Auch beim Pudel, der als Famili-

enhund gehalten wird, muss man diese Veranlagung in den Griff bekommen. Das kann bedeuten, dass er im Wald an der Leine laufen muss.

Pudelwohl

Der bekannte Ausdruck »pudelwohl« bezieht sich auf das Wesen des Pudels. Dieser fröhliche und extrovertierte Hund hat das Talent, sein Wohlbefinden in freudigen Luftsprüngen auszudrücken, was sich viel besser in Bildern als in Worten vermitteln lässt. Der Pudel ist ein Hund, der zu seiner Bezugsperson schnell eine intensive Beziehung aufbauen will. Er scheint die Stimmung seines Meisters oder seiner Meisterin wie durch feine Antennen zu erkennen und gibt sich alle Mühe, seinem vertrauten Zweibeiner die Wünsche von den Augen abzulesen.

Sein aufgewecktes Wesen wird immer wieder lobend erwähnt. Im Buch von Stanley Coren *Die Intelligenz der Hunde* (2005) werden die Fähigkeiten der verschiedenen Hunderassen getestet. Der Pudel kommt in dieser Rangliste hinter dem Border Collie auf den ehrenvollen zweiten Platz.

Anhänglich

Der Pudel genießt den vollen Familienanschluss und steht gerne im Mittelpunkt. Sein verspieltes Wesen wird von den Pudelfreunden besonders geschätzt. Seine lustigen Einfälle machen ihn zum Clown unter den Hunden und seine Freude am Spiel begleitet ihn bis ins hohe Alter. Bei der Ausbildung des Pudels staunt man immer wieder über seine große Merkfähigkeit. In der Erziehung braucht er keinen militärischen Ton. Er begreift meistens schnell, was man von ihm erwartet. Sein Nachteil ist vielleicht, dass er nicht gerne alleine bleibt. Wenn Sie ganztags berufstätig sind und Sie Ihren Pudel nicht zur Arbeit mitnehmen können, dann sollten Sie sich eher zwei Katzen als einen Pudel kaufen. Das Rudeltier Pudel möchte nicht stundenlang auf seinen Rudelführer Mensch verzichten. Aber es ist trotzdem wichtig, dass Sie Ihren Pudel so erziehen, dass er ausnahmsweise auch drei bis vier Stunden alleine zu Hause bleiben kann. Entsprechende Übungen sollte man schon früh und in kleinen Schritten vornehmen.

Der verträgliche Pudel

Pudel und Kinder

Auch zu Kindern entwickeln die Pudel schnell und gern eine gute Beziehung. Man sollte aber ein Kleinkind nie unüberwacht mit dem Hund spielen lassen. Pudel, die ohne Kontakt mit Kindern aufgewachsen sind, könnten ein kleines Kind, das übermütig umherrennt, anfänglich als unberechenbare Bedrohung wahrnehmen. Es muss auch unbedingt vermieden werden, dass ein kleines Kind einen Welpen auf die Arme nimmt, denn er könnte davon zappeln und sich beim Sturz auf den Boden eine Verletzung zuziehen. Dann darf man nicht vergessen, dass die spitzen Milchzähnchen der Welpen für ein kleines Kind sehr unangenehm sind. Der Schmerz wegen dieser spitzen Zähne beim Spiel mit dem Hund könnte beim Kleinkind zu einem Wutausbruch führen. Das würde die gegenseitige Freundschaft trüben. Nach dem Zahnwechsel, das heißt im Alter ab sechs Monaten, wird das Spiel zwischen Pudel und Kind viel angenehmer, denn die bleibenden Zähne sind nicht mehr so spitz wie Nadeln. Die Eltern müssen ihr Kind auch darüber informieren, dass es den schlafenden Pudel nicht wecken darf oder dass es ihn mit frisch gefülltem Bäuchlein nicht umherschleppen darf. Ein Kind, das von seinen Eltern die Achtung vor dem Tier vorgelebt bekommt, wird in der freundschaftlichen Beziehung zu einem Hund viel Schönes erleben. Für größere Kinder ab neun Jahren steht bereits ein interessantes Angebot im Bereich des Hundesports zur Verfügung.

Pudel und andere Haustiere

Im Allgemeinen verträgt sich der Pudel gut mit anderen Haustieren. Am einfachsten ist es, wenn man Pudel und Katze im Welpenalter aneinander gewöhnen kann. Wenn sich zwischen Hund und Katze eine Feindschaft entwickelt, dann passiert das meistens im Alter nach sechs Monaten oder noch später. Aber auch in diesem Alter ist eine Gewöhnung möglich. Es wird einfacher sein, einen älteren Pudel an eine junge Katze zu gewöhnen als einen jungen Pudel an eine ältere Katze. Mit Geduld und Einfühlung sollte beides möglich sein. Als Vorsichtsmaßnahme ist es empfehlenswert, der Katze die äußersten Krallenspitzen an den Vorderpfoten zu kürzen, damit es anfänglich zu keinem unschönen Zwischenfall kommen kann. In den ersten paar Wochen sollte eine solche Angewöhnung gut überwacht werden.

Wenn sich der Pudel mit den andern Haustieren im Haus gut versteht, dann heißt das noch nicht, dass er auch auf dem Spa-

ziergang jeder fremden Katze freundlich begegnen wird. Eine flüchtende Katze oder ein Wildtier kann bei den meisten Pudeln den Jagdtrieb wecken. Darum gehört der Pudel im Freien bei der Begegnung mit einer fremden Katze oder in Gebieten mit Wildtieren an die Leine.

Begegnungen mit Artgenossen

Wenn Sie glauben, der Schlüssel zum Glück Ihres Pudels sei Ihr großer Garten und Sie könnten sich so die regelmäßigen Spaziergänge sparen, dann liegen Sie damit falsch. Der Pudel braucht nicht nur regelmäßig Bewegung, er ist auch ein Rudeltier, das sich nur richtig wohlfühlen kann, wenn es sich regelmäßig mit Artgenossen treffen darf. Das Spiel mit anderen Hunden stärkt sein Selbstbewusstsein und fördert sein psychisches Wohlbefinden.

Schon in der Sozialisationsphase (etwa 4. – 18. Lebenswoche) ist es sehr wichtig, dass der junge Pudel mit vielen verschiedenen Rassen und mit verschieden großen Hunden bekannt gemacht wird, so dass ihm das Spiel mit anderen Hunden auch später richtig Spaß macht und für ihn zur Selbstverständlichkeit wird. Die Hunde, mit denen er zusammentrifft, müssen natürlich verträglich sein. Es gibt viele große Hunde, die es sehr gut verstehen, mit jungen oder mit kleinen Hunden zu spielen. So entwickelte zum Beispiel unsere kleine Zwergpudel-Hündin Angie eine große Liebe zu einer Berner Sennen-Hündin. Die beiden freuten sich immer sehr auf das Treffen. Der große, schwere Hund war im Spiel mit dem kleinen Zwergpudel nie grob. Die Liebe zu dieser großen Hündin übertrug sich dann auch auf Angies Nachkommen.

Leider gibt es ab und zu auch Hunde, die sich zur Sozialisierung des Jungpudels nicht eignen. Hundebegegnungen, die zu schnell in eine Rauferei ausarten, sollten vermieden werden. Es ist wichtig, dass der Welpe mit den großen oder erwachsenen Hunden keine schlechten Erfahrungen macht, sonst könnte man mit diesbezüglichen Bemühungen das Gegenteil des Gewünschten erreichen. Generell kann man übrigens nicht feststellen, dass sich Hündinnen untereinander (oder Rüden untereinander) nicht so gut vertragen. Oft ist es eher die ängstliche Reaktion des Besitzers, die auf das Gelingen einer Hundefreundschaft einen schlechten Einfluss nimmt. Das kann zum Beispiel dann passieren, wenn er beim Anblick eines anderen Hundes seinen Vierbeiner immer angstvoll zurückruft und ihn an der Leine von einer freundlichen Begrüßung des vierbeinigen Kollegen zurückhält.

Spielverhalten

Beim Pudel fällt auf, dass er beim Spielen gerne und völlig mühelos auf seinen Hinterbeinen steht. Pudel untereinander haben damit kein Problem. Unsere kleine Queenie stellt sich auch auf die Hinterbeine, wenn sie in der Ferne etwas genau beobachten will. Andere Hunde können dieses Hochstehen nicht immer richtig deuten. Kleineren Hunden kann dieses Spielverhalten vielleicht sogar Angst machen, wenn es zum Beispiel von einem Großpudel gezeigt wird.

Ein sehr häufiges Spielverhalten von Pudeln aller Größen ist das Im-Kreis-Rennen um den Spielpartner. Oft tun sie das so lange, bis sie den anderen Hund zum Mitrennen animiert haben. Das grobe Anspringen und Rempeln beim Spielen ist eher untypisch für den Pudel. Pudeltypisch ist auch das Tragen eines Gegenstandes (Spielzeug oder Handschuh), das er gerne im tänzelnden Gang und mit hoch erhobenem Kopf stolz präsentiert, um andere Hunde damit zu einem Nachlaufspiel zu animieren.

Die Lebensfreude, die ein spielender Pudel in seinen ausgelassenen und eleganten Bewegungen ausdrückt, wirkt oft auch auf die Zuschauer ansteckend und herzerfrischend.

Der talentierte Pudel

Der Zirkushund

Der Pudel ist ein Hund, der schon vor langer Zeit durch seine lustigen Ideen aufgefallen ist. 1746 schreibt Heinrich Wilhelm Döbel in seiner *Jäger-Practica* unter dem Titel »Vom Pudel- oder ungarischen Wasserhunde«: »Diesen möchte man wohl den Scharwenzel nennen, indem derselbe so gelehrig ist, dass er fast alles nachmacht und annimmt. Er lernt allerhand, dass man Spaß mit ihm haben kann ...«

Eine aufsehenerregende Akrobaten-Nummer mit Pudeln zeigte der englische Hunde-Dresseur James Atherton in den Jahren um 1880 im Zirkus. Seine als Löwen frisierten Wollhunde beherrschten nicht nur das Gehen auf den Hinterbeinen, sie überraschten vor allem mit ihren außergewöhnlichen Sprüngen über hochgestellte Stühle, durch brennende Ringe und schwebende Tunnel.

Schon im 17. Jahrhundert traten »tanzende« Pudel auf Volksfesten auf, wie dieses Bild des niederländischen Malers Jan Steen aus dem Jahr 1636 zeigt.

Das größte Loblied über den talentierten Pudel verfasste der Schriftgelehrte Peter Scheitlin (1779 – 1848) aus dem schweizerischen St. Gallen. In seinem 1840 ersschienenen Buch »Versuch einer vollständigen Tierseelenkunde« beschreibt er den Pudel bereits in seiner vielfältigen Art, so wie wir ihn auch heute kennen. So heißt es dort zum Beispiel: »Der vollkommenste Hund ist der Pudel und was Gescheites und Braves am Hund gerühmt wird, bezieht sich vereint auf ihn. Er hat Eigenheiten, Sonderbarkeiten, Originalitäten und Genialitäten.« Die ausführliche Beschreibung von Peter Scheitlin über den Pudel ist sehr umfangreich und wurde später mehrmals zitiert, wie zum Beispiel im Band 4 von Brehms Tierleben der zwischen 1926 und 1929 im Gutenberg Verlag erschienenen Ausgabe.

Munito

Der erste Munito, der mit seinen Kunststücken die Zuschauer zum Staunen brachte, soll ein gelockter Mischling gewesen sein. Der zweite Munito, den wir ebenfalls aus verschiedenen alten Werbeplakaten kennen, wird im Buch »Les Animaux Célèbres« von Eugène Muller als schöner weißer Pudel in Löwenschur beschrieben, dessen Auftritte unter anderem auch 1827 in Paris angekündigt wurden. Der Trainer dieser beiden Hunde hieß Castelli. Er stammte aus Italien. Er zeigte die Kunststücke seiner Vierbeiner zwischen 1815 und 1827 in vielen Ländern Europas.

Auf Plakaten, die zum Beispiel in London oder Paris auf Munitos Vorstellungen hinwiesen, konnte man folgendes lesen: „Dieser wunderbare Hund kennt das Alphabet, er kann Wörter kopieren und rechnen. Er kennt alle Spielkarten und er kann dem Zuschauer jede gewünschte Karte holen. Er spielt Domino und er zeigt noch viel mehr." Offenbar soll er auch die Fähigkeit gehabt haben, mit seinen Zähnen einen Schlüssel zu drehen, um eine verschlossene Tür zu öffnen.

Im Buch »Education du Chien« (1866) beschreibt E. de Tarade, wie Castelli mit Munito arbeitete. Der Pudel spazierte in einem Kreis von Karten, bis er das Zeichen seines Meisters hörte. Das soll ein feines Klikken der Fingernägel gewesen sein. Beim Ertönen dieses Zeichens blieb der Vierbeiner sofort stehen und er nahm die vor ihm liegende Karte auf. Munito muss ein sehr gutes Gehör gehabt haben, denn er hörte das entsprechende Zeichen auch dann, wenn sein Trainer die Hände in die Rocktasche steckte und wenn es niemand unter den Zuschauern merkte, dass Munito ein Zeichen bekam.

1691043
4
102
5
M
2

Der Pudel Skippy zeigt, dass ihm das Gehen auf den Hinterbeinen keine Mühe macht. Diese Aufnahme stammt aus dem Jahr 1954.

Diese beiden Welpen aus der Zucht »Quelle der Freude« von Verena Leuenberger zeigen ihr angeborenes Talent. Beide haben gleichzeitig begriffen, dass das Spiel weitergeht, wenn man den Ball der Meisterin zurückbringt.

Irina Markova und ihre Zirkuspudel

Auch heute trifft man im Zirkus immer wieder auf Darbietungen von Pudeln, wie zum Beispiel auf die reizende Gruppe von zwanzig Pudelhündinnen von Irina Markova, die man im Big Apple Circus in New York bestaunen kann. Irina Markova erzählt, dass sie nie mit einer anderen Hunderasse trainieren möchte. Sie ist vom verspielten und lernfreudigen Pudel ganz begeistert. Seit ihrem neunten Lebensjahr ist sie damit beschäftigt, dem Pudel Kunststücke beizubringen und seit 27 Jahren zeigt sie ihre gut trainierten Pudel im Zirkus. Ihre beiden ältesten Hündinnen sind 14 Jahre alt und die jüngste in der Gruppe feierte kürzlich ihren ersten Geburtstag. Viel Applaus brachte der Pudel-Gruppe von Irina Markova der Pudel, der auf den Hinterbeinen gehend eine Katze an der Leine rund um die Zirkus-Arena spazieren führt. Im Internet unter www.mytalenteddogs.com kann man Videoaufnahmen von diesen Vorstellungen finden.

Links: Charlene Dunlop aus den USA hat ihre beiden Harlekin-Großpudel My Dramagic Wizard of Ahhs (Jyah) und Cherdon Moon Dancer (Sidney) zu Filmhunden ausgebildet. Mehr über diese beiden begabten Pudel findet man unter www.caninehorizons.com

Rechts: Irina Markova beim Seilspringen mit ihrem Pudel Roma bei einer Vorstellung im New Yorker Big Apple Circus.

Die Posna-Pudel

Die gut ausgebildete Pudel-Gruppe von Joschi und Jana Posna aus Berlin bringt das Publikum durch ihre außergewöhnlichen Leistungen zum Staunen. Diese Gruppe ist in ganz Europa unterwegs. So kamen sie vom schwedischen zum dänischen National-Zirkus und von Frankreich über Holland und Belgien bis nach Russland zu ihren Vorstellungen. Die Gruppe »Posnas Pudel« wurde 1969 von Gerda Posna ins Leben gerufen und seit 1984 hat ihr Sohn Joschi die Pudelgruppe übernommen. Vor rund zehn Jahren ist auch Jana Kerkhoff mit ihren Großpudeln dazu gestoßen. In der Pudelgruppe von Jana und Joschi gibt es zwölf Pudel in allen Farben und Größen und in den verschiedensten Frisuren, Rüden und Hündinnen. Neun dieser Pudel arbeiten im vielseitigen Programm. Der älteste Pudel ist 15 Jahre alt und als Pensionär streckt er sich gerne auf dem Sofa aus. Zwei Pudel sind noch in der Ausbildung. Die Karriere in der Arena oder auf der Bühne beginnt im Alter von einem Jahr und anschließend machen sie voller Begeisterung mit, bis sie ein Alter von zehn bis zwölf Jahren erreicht haben.

Jana Posna von der Posna-Pudelgruppe aus Berlin zeigt hier eine Vorstellung mit einem ihrer Silberpudel.

Jana Posna betont, dass in ihrer Gruppe nur mit Pudeln gearbeitet wird, die von der FCI organisierten Züchtern stammen, weil es ihr wichtig ist, für ihre Auftritte gesunde und wesensfeste Tiere zu erwerben. Die Ausbildung richtet sich ganz nach den Talenten, die der jeweilige Pudel mitbringt. Ein springfreudiger Vierbeiner wird mit Freuden das Seilspringen erlernen oder ein bellfreudiger lässt sich schnell für Rechnungsspiele begeistern. So finden sie in dieser Gruppe für jeden Pudel die richtige Beschäftigung, die dem betreffenden Vierbeiner besonders Spaß macht.

Auf der Website www.posnas-pudel.com gibt es drei Video-Filme zu sehen, die demonstrieren, zu welch lustigen Tricks der Pudel dank seines ausgeprägten Spieltriebs befähigt ist. Die Kurzfilme zeigen die Pudel beim Seilspringen oder wie sie oben balancierend eine Trommel in Bewegung setzen, während unten andere Pudel durch die bewegte offene Trommel laufen. Auch die erstaunliche Sprungkraft des Pudels wird vorgeführt.

Dog Dancing

Gaby Oswald aus Aarwangen in der Schweiz (www.diemitdemhundtanzt.ch) beschreibt diese attraktive Hundesportart, die sich für den charmanten Pudel speziell gut eignet, wie folgt:

Bei der Hundesportart »Dog Dancing« präsentieren Hund und Hundeführer zum Takt von Musik verschiedene Elemente, wie Fußlaufen, Sprünge über die Arme oder Slalom durch die Beine.

Tanzen mit dem Hund verlangt sehr viel Aufmerksamkeit und Flexibilität: Der Hundeführer bewegt sich rhythmisch zur Musik, während der vierbeinige Tanzpartner die erlernten Tricks zur Musik passend vorführt.

Anstelle von Drill ist beim Dog Dancing partnerschaftliche Zusammenarbeit von Hund und Mensch gefragt. Eine abgerundete Vorführung gelingt nur, wenn das Verhältnis zwischen den beiden Partnern harmonisch ist.

Wer mit Dog Dancing beginnt, wird nicht mehr davon loskommen, denn der Fantasie sind keine Grenzen gesetzt. Alles, was Freude und Spaß macht, ist erlaubt! Diese Sportart eignet sich für jeden gesunden Hund – klein, groß, jung oder alt.

Mehr zum fröhlichen Freizeitsport »Dog Dancing« finden Sie zum Beispiel in den beiden Büchern *... darf ich bitten?* Von Theby & M. Hares oder *Dog Dancing – Vom Trick zum Tanz* von Beate Lambrecht & Linda Erdl, beide aus dem Kynos Verlag.

Dancer und Estrello

Jitka Peierova aus Tschechien holte mit ihren beiden hübschen Apricot-Kleinpudel-Rüden Dancer von der Herbordsburg und Estrello Le Papillon schnell die nötigen Anwartschaften zu verschiedenen Schönheits-Champion-Titeln. Jitka merkte aber, dass ihre

beiden aufgeweckten Kleinpudel-Rüden zu höheren Leistungen als nur zum Präsentieren im Ausstellungsring befähigt sind. Im Dog Dancing fand sie den richtigen Hundesport, der nun allen drei viel Spaß macht. Ihre eleganten und harmonischen Darbietungen gleichen einem Ballett-Auftritt.

Palma und Pinga

Die apricotfarbene Zwergpudel-Hündin Palma und die schwarze Pinga nehmen mit ihrer Trainerin Christiane Buhler aus der Westschweiz mit Begeisterung und erfolgreich an Dog Dancing Wettbewerben in verschiedenen Ländern teil. Schon oft erreichten sie mit eindrücklichen Vorstellungen den ersten Platz in den Klassen als tanzendes Duo und als Trio.

Von Christiane Buhler kann man erfahren, dass sie es als Vergnügen empfindet, mit ihren Pudeln zu arbeiten. Palma und Pinga soll es immer wieder Spaß machen, etwas Neues zu lernen.

Am Dog Dancing Wettbewerb in Winterthur 2006 tanzt Christiane Buhler aus der Westschweiz mit ihrem Apricot-Pudel Palma einen Zigeuner-Tanz und kommt damit in großer Konkurrenz auf den ersten Platz.

Die begabte Pudelgruppe von Edelgard Mechsner

Frau Mechsner aus Berlin machte es schon immer Spaß, ihre begabten Pudel zu fördern. Vor mehr als 15 Jahren war ihr brauner Großpudel Cobold vom Großen Wannsee aus ihrer eigenen Zucht ihr großer Stolz. Cobold war der erste Pudel in Deutschland, der die Rettungshunde-Prüfungen des Bundesverbandes für das Rettungswesen und des Deutschen Roten Kreuzes bestanden hat. Frau Mechsner hatte schon damals erkannt, dass die Kunst der Ausbildung in der richtigen Motivation des Hundes liegt. Mehr zur Ausbildung der Rettungshunde findet man im Kapitel »Der nützliche Pudel«.

Cobolds Talente waren als diplomierter Rettungshund noch nicht erschöpft. Er machte auch bei den akrobatischen Kunststücken mit, die seine Meisterin für ihre ganze Pudelgruppe einstudiert hatte. Später wurde Cobold sogar eine Rolle im Film zugesprochen. Er durfte in der Fernseh-Serie »Freunde fürs Leben« mitwirken. Frau Mechsner erinnert sich, dass es bei der Ausschreibung der Suche nach dem passenden Hund hieß: »Bitte melden Sie keine Pudel«. Aber am Ende war es doch der braune Großpudel Cobold, der bei der Vorstellung den besten Eindruck hinterließ.

Heute züchtet Frau Mechsner nicht mehr. Sie arbeitet aber nach wie vor gerne mit ihrer lernfreudigen Pudelgruppe und leitet eine Hundeschule. Der weiße Janosch ist ihr großer Star beim Seilspringen und beim Spiel »Hutklau« und er ist wie der schwarze Kleinpudel Mephi ein begeisterter Frisbee-Spieler. Ihre Apricot-Kleinpudel-Hündin »Usti« ist ein großes Springtalent. Diese Hündin wurde nie gedrängt, große Sprünge zu machen. Das Springen war für sie immer ein großer Spaß und so springt sie auch mühelos über vier stehende Pudel oder auf den entsprechenden Befehl meistert sie es spielend, über ein Hindernis von über einem Meter zu springen. Anschließend an die Vorstellung freuen sich diese Pudel auf ihr verdientes Leckerchen.

Janosch beim Seilspringen mit Edelgard Mechsner.

Im Training und während der Vorstellung ist die Belohnung sehr wichtig.

Edelgard Mechsner hat nicht nur begabte Pudel, sie ist auch eine sehr begabte Lehrmeisterin. Hier sehen wir die gelungene Übung mit dem Sprung durch den Reifen.

Die Pudelgruppe von Frau Mechsner: Sprung von Usti über die vier stehenden Pudel Ute, Janosch, Funki und Mephi.

Janosch in Aktion beim Spiel »Hutklau«.

Usti kriecht unter drei stehenden Pudeln hindurch.

Der nützliche Pudel

Der Pudel im Dienst des Menschen

Im *Lexikon der Hundefreunde* von Heinrich Zimmermann (Berlin, 1934) wird der Pudel noch als Wach- und Nutzhund bezeichnet. Zwei Jahre später wird er als französische Hunderasse über den FCI-Standard in die Gruppe 9 der Begleit- und Gesellschaftshunde eingeteilt. Seine vielseitige Begabung als Nutzhund ging dadurch nicht verloren. Seit einigen Jahren ist man dabei, die ursprünglichen Fähigkeiten des Pudels neu zu entdecken. So wurden zum Beispiel in La Rochelle in Frankreich von den Zollbehörden vor rund fünfzehn Jahren zwanzig Zwergpudel zu Drogensuchhunden ausgebildet, die ihrer geringen Größe wegen in der Lage waren, auch an schwer zugänglichen Stellen ihre Sucharbeit zu verrichten.

Im März 1995 war in der Tagespresse folgende Meldung zu lesen:

»Lille (F): Dank der feinen Nase eines Zwergpudels hat der französische Zoll fast 3,7 Tonnen Cannabis-Harz an Bord eines niederländischen Schiffes entdeckt. Zwei Tage lang durchsuchten die Beamten das Schiff, bevor der Pudel Haddock die Drogen in einem Versteck zwischen Maschinen- und Lagerraum ausmachte.«

Ein Beweis, dass auch der kleine Zwergpudel ein nützlicher Hund sein kann, ist die apricotfarbene »Siri«.

Siri, die Lebensretterin

Paul Birrer fuhr gegen Ende November 2006 in einem Vorort von Basel auf eine Anhöhe, wo er – wie schon oft – mit seinem Zwergpudel Siri durch den Wald spazierte. Bei einer Wegkreuzung blieb Siri stehen und wollte unbedingt den Weg einschlagen, den sie beide noch nie gelaufen waren. Der Besitzer war mit diesem Umweg einverstanden. Plötzlich kam der kleine Pudel vom Weg ab und begab sich auf einen Trampelpfad, der durch ein Gebüsch führte. Herr Birrer rief seinen Pudel zurück. Doch Siri kam nicht. Sie begann zu bellen, so, als ob sie ihrem Meister etwas zeigen wollte. Er ging hin und dort im Gebüsch bei Siri fand er eine betagte Frau am Boden liegend. Mit leiser Stimme sagte sie, sie hätte schon lange um Hilfe gerufen und niemand hätte sie gehört. Die Frau hatte sich am Tag zuvor im Wald verirrt und aus Erschöpfung fiel sie hin. So lag sie die ganze Nacht im Gebüsch. Sie hatte nicht mehr die Kraft, um selbst aufzustehen. Herr Birrer zögerte nicht lange. Dank seines Mobiltelefons konnte er einen Krankenwagen bestellen und im Spital erholte sich die betagte Frau von der Lungenentzündung, die sie sich in dieser Nacht im Freien zugezogen hatte. Ohne die Idee von »Siri«, die an diesem Morgen unbedingt über einen anderen Weg laufen wollte, wäre die Rettung dieser Frau vermutlich nicht so glimpflich abgelaufen. Siri wurde anschließend von der Basler Polizei als Dank für ihr außerordentliches Handeln ein Geschenk überreicht.

Luigi, der Rettungspudel

Der schwarze Kleinpudel-Rüde Luigi von Anke's Aristodogs kam am 21. Juli 2003 zur Welt. Die Züchterin Anke Taubitz bemerkte schon früh, dass in diesem Welpen besondere Fähigkeiten schlummerten. Bald waren weder Tür noch Absperrgitter ein Hindernis für ihn. Er kam ganz von alleine auf die Idee, wie man eine Tür öffnen kann und bald brachte er auch das Telefon herbei, sobald er es läuten hörte, ohne dass ihm das jemand beigebracht hätte.

Da Ankes Ehemann André in seiner Bundeswehrzeit als Rettungssanitäter im Einsatz war, interessierte er sich anschließend für die Rettungshundearbeit und so begann der schwarze Kleinpudel Luigi Anfang 2005 seine Ausbildung zum Rettungshund. Das war genau das Richtige für diesen begabten Pudel. Anfänglich wurde das neue Team im Training belächelt. Doch der Vorsitzende des Rettungsstaffel-Vereins war zufrieden. Er wusste, was alles im Pudel stecken kann, und Luigi hat ihn nicht enttäuscht. Mit viel Geschick müssen für die Rettungshunde-Prüfung Leitern, Wippen und Treppen überquert werden. Dann wird geübt, in einem Trümmerfeld nach Verschütteten zu suchen und das Auffinden richtig anzuzeigen. In der Ausbildung zur Flächensuche auf dem Feld, im Wald und im Gebüsch ist nicht nur die leichte Motivierbarkeit des Pudels von Vorteil, sondern auch seine Lust, weite Strecken zu laufen.

Luigi hat die Ausbildung zum Rettungshund mit Erfolg abgeschlossen und ist nun im Einsatz, Vermisste oder Verschüttete zu suchen. Anfänglich musste er noch in der langhaarigen Ausstellungsfrisur durch den Wald rennen, denn nebenbei wurde Luigi auch erfolgreich ausgestellt. Er holte sich verschiedene Schönheits-Titel wie zum Beispiel den Internationalen Champion und den Deutschen Champion. Heute spurtet Luigi bei seinen Rettungseinsätzen in einer pflegeleichteren Kurzaar-Frisur durch Feld und Wald. André und Luigi sind zu einem perfekt funktionierenden Team zusammengewachsen und inzwischen käme es in der Rettungs-Staffel niemandem mehr in den Sinn, sich über diesen Pudel lustig zu machen.

Mehr über Luigi und über die Anforderungen an die Rettungshunde findet man im deutschen Pudelmagazin »EuroPudel spezial« Nr. 39 vom September 2007.

Die Fährtensuche

Als ehemaliger Jagdhund ist auch der Pudel für die Nasenarbeit geeignet. Die Fährtensuche macht dem Pudel Spaß. Wenn er gut motiviert wird, ist er genauso begeistert bei der Sache, ob er nur im Spiel oder im nützlichen Einsatz arbeitet. Bei dieser Team-Arbeit führt der Hund seinen Meister. Das gegenseitige Vertrauen steigert die Motivation erheblich. Wichtig ist, dass sich der Hund durch nichts von seiner Fährte ablenken lässt. Bei dieser Arbeit wird die natürliche Fähigkeit des Hundes zum Nutzen des Menschen eingesetzt.

Man kann die Hunde auf verschiedene Fährten führen. In Deutschland wird zurzeit auch ein Pudel zur Wasserleichen-Suche ausgebildet. Diese Arbeit ist für Hunde interessant, die gerne ins Wasser gehen. Anscheinend ist es dem Hund möglich, im Wasser den Verwesungsgeruch auch aus einer Tiefe von bis zu siebzig Metern wahrzunehmen.

Oben: Luigi der Rettungspudel auf Spurensuche.

Unten: CT **Tudorose Bold Reign (Reigner)** UDTX, VST, AX AXJ, RE, JH, WCX, HIC, CGC, VCDIII – das Multi-Talent bei der Nasenarbeit.

Reigner

Reigner ist ein schwarzer Großpudel und stammt aus der kanadischen Tudorose-Zucht von Jacqueline Harbour. Von seiner Besitzerin Carol A. Pernicka kann man erfahren, dass Reigner ein absolutes Multi-Talent ist. Er ist nicht nur ein mehrfach prämierter Meister im Spurensuchen, er ist auch der erste Großpudel in Nordamerika, der die Prüfung »Herding Trial« (Schafhüter-Test) bestand. Die erste Auszeichnung im »Trakking« (Spurensuche) holte er sich schon im Alter von 11 Monaten. Reigner ist auch sehr erfolgreich in Obedience, Agility, Field (Jagd) und Rally. Bei allen Übungen ist dieser Pudel mit großer Begeisterung dabei.

Auch unter den Zwergpudeln gibt es ganz außergewöhnliche Spürnasen. So schaffte es zum Beispiel der Zwergpudel »Kimmie« von Petra Seidl, sich im Mantrailing in starker Konkurrenz von größeren Hunden beste Resultate zu holen und der kleine Kimmie bestand auch die Eingangsprüfung zum Rettungshund so spielend, dass er trotz seiner unpassenden Größe eine Sonderbewilligung bekam, die Rettungshunde-Ausbildung zu absolvieren und er beendete sie mit Erfolg.

Dann erlebten wir selber ein erstaunliches Zwergpudel-Spürnasen-Talent. Es war Yara, die wir als Welpe nach Basel verkauft hatten. Eines Tages – Yara war schon mehrere Monate weg von uns – meldete sich ihre Besitzerin am Telefon mit der Frage, ob heute jemand von uns in Basel in der Bibliothek gewesen sei. Tastsächlich war mein Mann dort und er hängte seinen Mantel in der Garderobe auf. An diesem Mantel schnupperte Yara ganz aufgeregt und gleichzeitig wedelte und winselte sie heftig und zwar ohne dass sie meinen Mann getroffen hatte. Sie erkannte nach Monaten unseren Geruch am Mantel.

Der schwarze Großpudel Reigner von Carol A. Pernicka im Einsatz als Schafhüter.

Der Hütepudel

Da die Herkunft des Pudels teilweise auf zotthaarige Hütehunde zurückgeht, ist es nicht erstaunlich, dass sich der Pudel auch heute zu dieser Arbeit ausbilden lässt. Der Hütetrieb basiert auf dem angeborenen Jagdtrieb. Wenn das Wolfsrudel jagt, kreist es die Beute ein und sie wird dem Alpha-Tier gebracht. Genauso umkreist der Pudel die Schafe (Beute) und er treibt sie zu seinem »Alpha-Tier«, dem Hirten. Beim Hüten kommt es jedoch nie zur Endhandlung des Jagens. Die Hunde dürfen die Schafe beim Zusammentreiben nie verletzen.

Der schwarze Großpudel Benito der Schwarze Joker wurde am 30. Juni 2004 mit elf Geschwistern bei Sigrid Kalina geworfen und ging als Geschenk in die Kynos Stiftung Hunde helfen Menschen zur Ausbildung zum Blindenführhund. Diese Aufnahme zeigt Benito in der Ausbildung. Inzwischen steht er als ausgebildeter Blindenführhund bei seiner blinden Meisterin im Einsatz.

Der Blindenführpudel

Der ausgebildete Blindenführhund reagiert auf Hörzeichen in italienischer Sprache. In der Ausbildung lernt er, rechts und links zu unterscheiden und Hindernisse zu umgehen. Er zeigt seinem sehbehinderten Meister an, wo eine Treppe anfängt, zum Überqueren der Straße sucht er den Fußgängerüberweg und er ist auch darauf trainiert, Türen, Fahrkartenschalter und freie Sitze in öffentlichen Verkehrsmitteln anzuzeigen.

Ein zuverlässiger Blindenführhund vermittelt Sicherheit und Mobilität im Straßenverkehr und erhöht die Selbstständigkeit des Behinderten.

In der Blindenführhundeschule in Magden werden Hunde verschiedener Rassen zu Führhunden ausgebildet. Bis heute haben bereits 25 Großpudel diese Ausbildung in Magden mit Erfolg bestanden.

Die Junghunde werden bei einem Trainer, das heißt in einer Patenfamilie aufwachsen und schon früh werden ihnen die wichtigsten Reize zugeführt, damit sie möglichst schnell lernen, sich angstfrei im Stadtverkehr, auf dem Bahnhof, im Restaurant, im Lift, Zug und in der Straßenbahn zurechtzufinden.

Der weiße Großpudel Snowdrop Manor Bruce kam in einem Zehnerwurf am 8. Dezember 2004 bei Dagmar Steinemann zur Welt. Er lernt hier mit der Hundetrainerin Nadine von der Blindenführhundeschule Magden das Anzeigen einer Treppe.

Der gut ausgebildete Bruce steht heute bei Herrn Diriwächter als Blindenführhund im Einsatz. Er hat eine eigene Website: www.meinblindenhund.ch

Der apricotfarbene Großpudel Escaflon aus dem Hause Gryffindor (Flo) wurde in der Ilztaler REHA-Hundeschule von Maria Gerstmann in Österreich ausgebildet.

Wenn die Blindenführhundeschule die Hunde nicht selbst züchtet, suchen sie sich bei einem Züchter im Alter von sieben bis acht Wochen einen Welpen aus. Bei dieser Auswahl gibt es verschiedene Kriterien, die eine Rolle spielen. Der Welpe sollte zum Beispiel sehr spielfreudig und absolut frei von Aggressionen sein. Auch die angeborene Apportierlust wird geschätzt.

Die Ausbildungszeit ist vom Lerntempo des einzelnen Hundes abhängig. Am Ende muss er eine Prüfung bestehen, die von einem anerkannten »Gespannprüfer« abgenommen wird.

Der Therapie-Pudel

Der geeignete Therapie-Pudel-Schüler zeigt ein besonders sicheres und ruhiges Wesen und ist außergewöhnlich menschenfreundlich. Er sollte nicht allzu schmerzempfindlich sein, beim Streicheln und Schmusen viel Geduld und Ausdauer zeigen und sich für Apportierspiele interessieren.

Ein ausgebildeter Therapie-Pudel kann behinderten Kindern und Erwachsenen über Kuscheln, Spielen oder physiotherapeutische Übungen zu einem seelischen Gleichgewicht verhelfen. Auch in Altersheimen und in Schulen macht man mit Therapie-Pudeln gute Erfahrungen. Der Pudel hat den großen Vorteil, dass seine Haare bei den Allergikern keine negativen Reaktionen auslösen.

Der Therapie-Pudel Kilian aus dem Hause Gryffindor steht im Besitz von Simone Kotar. Das Bild zeigt die gute Beziehung zwischen der behinderten Person und dem Pudel eindrücklich. Die Fähigkeit des Pudels, schnell eine gute Beziehung aufzubauen, erleichtert diese anspruchsvolle Ausbildung.

Der weiße Großpudel Einstein wurde in der Kynos Stiftung Hunde helfen Menschen zum Therapie-Pudel ausgebildet und steht in der Schule im Einsatz. Er wird in einer Kurzhaarfrisur gepflegt.

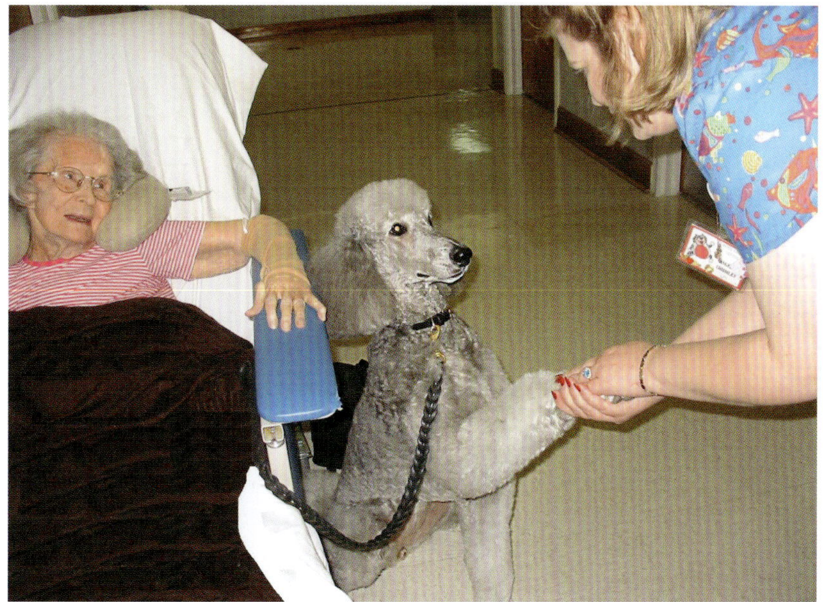

Die silbergraue Großpudelhündin Tass (CD, ASCA-CD Cosmic Light Fantastic CDX, RE, TD, OAJ, NA) von Cathy Crainer arbeitet im Altersheim und erfreut die betagten Leute mit ihren Tricks, die sie gerne vorführt.

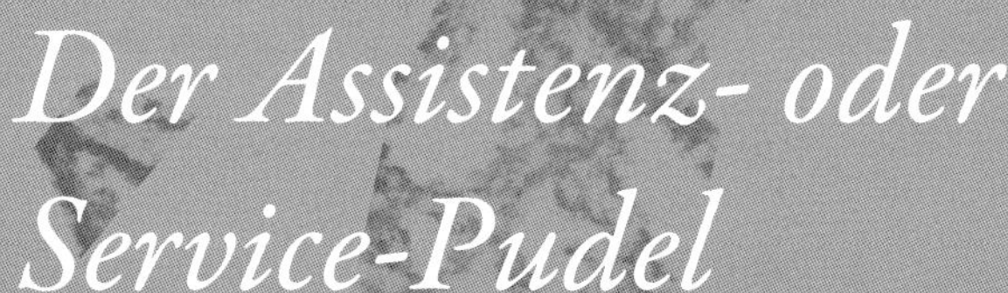

Der Assistenz- oder Service-Pudel

Der Assistenz- oder Service-Pudel hilft einer behinderten Person. Er hat gelernt, zum Boden gefallene Gegenstände aufzuheben, Türen zu öffnen oder einen Knopf für eine automatische Türöffnung zu betätigen.

Nicht nur in Europa, auch in den USA werden Pudel zu Assistenz-Hunden ausgebildet. Auf der Website von Jillian Gartner www.americanpoodlesatwork.org kann man unter anderem lesen, dass diesen Pudeln in der Ausbildung bis zu neunzig Befehle beigebracht werden.

Der Service-Pudel Winterdream's Noah trainiert in der Ilztaler REHA-Hundeschule. Apportierübungen spielen eine wichtige Rolle. Er hat bereits gelernt, die Zeitung zu bringen und hier übt er im Restaurant, den Kaffee zu bezahlen.

Der Signal-Pudel

Die Signal-Pudel stehen für hörbehinderte Menschen im Einsatz. Sie melden ihrem Betreuer, wenn die Hausglocke oder das Telefon läutet, der Wecker rasselt, wenn Alarmsignale aus der Küche ertönen oder wenn das Kleinkind weint. Dazu verwenden sie eine speziell trainierte Anzeige wie zum Beispiel das Antippen des Besitzers mit der Pfote oder Bringen eines speziellen Gegenstandes.

Der erste ausgebildete Signal-Pudel kam aus der Tudorose-Zucht von Jacqueline Harbour in Kanada. Die schwarze Großpudel-Hündin Saucy (CH. OTCH Tudorose Somerset Duchess TT, TP) zeigte vor der Ausbildung zum »Hearing Dog« ihre außergewöhnliche Lernfähigkeit im Obedience-Sport mit großen Erfolgen.

Der gut ausgebildete Signalhund Charlie (U-Ch. int. Ch. Moonstone's Good Time Charlie CGC) bringt hier das läutende Telefon herbei. Charlie aus der Schule von Jillian Gartner ist auch als Assistenz- und als Therapie-Pudel ausgebildet. Er hebt zum Beispiel den heruntergefallenen Schlüsselbund von Boden auf und er lässt sich ausgiebiges Streicheln und Kuscheln gerne gefallen. Er kann nach Sicht- und nach Hörzeichen arbeiten.

Der Jagdpudel

Im Buch *The North American Working Poodle 2007* von Claudia A. Straitiff findet man Bilder von über fünfzig Großpudeln, die verschiedene Jagdprüfungen erfolgreich bestanden haben. Inzwischen werden die Pudel offiziell vom AKC zu diesen Prüfungen zugelassen. Der silbergraue Großpudel »Pie« (WC 31, WCX 3 Bibelot's Silver Power Play DU MH) aus der Zucht von Susan R. Fraser und im Besitz von Eileen Jaskowski war der erste Pudel, der sich im AKC den »Master Hunter«-Titel holen konnte.

Diese Ausbildung zum Jagdhund geht zurück auf die ursprüngliche Aufgabe des Pudels. In der Arbeit als Jagdhelfer werden seine Freude am Schwimmen und seine angeborene Apportierlust sinnvoll eingesetzt.

In Europa gibt es ebenfalls Pudel, die wieder zur Entenjagd ausgebildet werden, wie zum Beispiel die braune Großpudel-Hündin Cora, die der Jäger Klaus H. Asmus aus Kollmar in Deutschland erfolgreich zu dieser Prüfung vorbereitete. Herrn Asmus wurde zur Auffrischung des Pudelpointer-Blutes offiziell ein Rückzüchtungsversuch mit dieser Pudelhündin gestattet.

Die guten Jagdeigenschaften des Pudels leben auch in anderen Jagdhunde-Rassen weiter.

Oben links: Dieser apricotfarbene Welpe zeigt schon im Alter von wenigen Wochen das alte Jagdhundeerbe des Pudels.

Unten: Bis 1936 wurde der Pudel im Schweizer Hundestammbuch unter den Jagdhunden eingetragen. Erst seit den FCI-Standard-Bestimmungen aus Frankreich wird er in der Gruppe 9 als Begleithung registriert. Heute wird der Pudel praktisch nur noch als Familienhund gehalten, was aber nicht heißt, dass alle Pudel die Jagdlust an den Nagel gehängt haben. Es gibt auch heute noch vereinzelte Pudel mit einem ausgeprägten Jagdtrieb. Da wird ein wiederholtes Rückruf-Training hilfreich sein.

Oben rechts: Die schwarze Großpudel-Hündin Walnuthill Jiffy of Tudorose UD von Emily Cain aus Ontario (Kanada) absolvierte alle Jagdhunde-Tests mit Erfolg (CKC OTCH, Bda CD, TT, VIP VC WC , WCX,CKC JH, WCI, AKC CGC) und ihr Sohn Castor (Walnuthill Castor of Tudorose JH, C-CH/OTCH, MH, NAHRA SR, VIP VCX) war CKC's erster »Master Hunter« Großpudel und er war der zweite Pudel, der sich 2002 an der Sportmen Show in Toronto an den Indoor Retriever Trials Gold Whistle holte. Das Bild zeigt Castor mit seiner Meisterin Emily Cain während einer Prüfung. Gespannt wartet er auf das Kommando zum Einsatz.

Mulligan, die Jagdhündin

Die braune Großpudelhündin »Mulligan«, mit amtlichem Namen WC 105, WCX 30, HR Ch Ascot Bucheron Joailleria SH CD RN CGC TDI, ist am 2. Januar 2001 bei Glenna Carlson in den USA zur Welt gekommen. Als Welpe kam sie in den Besitz von Claudia Straitiff und Dana Stewart, die diese Hündin in den ersten beiden Jahren erfolgreich ausstellten und im Agility und Obedience trainierten. Im darauf folgenden Jahr holte sich Mulligan das Zertifikat als Therapiehund und im gleichen Jahr begann Claudia Straitiff mit der Ausbildung ihres Pudels zum Jagdhund, was diesem fröhlichen Vierbeiner sehr viel Spaß machte. Im Alter von fünf Jahren zog Mulligan ihren Zwölfer-Wurf auf. Anschließend holte sie sich Silber und Gold-Medaillen an den Jagdhunde-Prüfungen und 2008 wurde dieser Hündin der AKC Master Hunter Titel zugesprochen.

Claudia Straitiff beschreibt ihre Pudelhündin als lebensfrohes Bündel. Sie soll extrem menschenbezogen und freundlich sein. Im Training, an den Prüfungen und bei der Enten-Jagd arbeite diese lustige Hündin immer voller Begeisterung. Die Bilder zeigen Mulligan beim einsatzfreudigen Losrennen und beim zuverlässigen Apportieren der Ente.

Der Pudelpointer

Der Pudelpointer gilt als deutsche Hunderasse. Dieser Jagdhund mit ausgezeichnetem Jagdtalent ist ursprünglich einem Zufall zu verdanken. Er entstand aus einer Verpaarung zwischen Pudel und Pointer. In der FCI-Klassifikation steht der Pudelpointer in der Gruppe 7 unter den Vorstehhunden. Dieser zuverlässige Jagdhelfer, der vorwiegend von Jägern gehalten wird, kann bis zu 68 cm groß werden. Sein Fell ist einfarbig braun, schwarz oder weizenfarbig und rauhaarig. Auf der Website www.pudelpointer.de wird ein interessanter Satz aus der Jägerzeitung (1902) erwähnt, den Dr. Strose aus einem Buch aus dem Jahr 1817 zitiert: »Die besten Jagdhunde sind Blendlinge (Mischlinge) von dem großen Pudel.«

Auch in andern europäischen Ländern kam es damals zu Kreuzungen zwischen Pudel und Jagdhunden.

In der Schweiz kennt man zurzeit die Pudelpointer-Hündin Inscha von Marcel Meier aus Einsiedeln, die die anspruchsvollen Prüfungen zum Lawinenhund erfolgreich bestanden hat und die zusätzlich als Geländesuchhund ausgebildet ist. Diese Hündin stand schon mehrmals in den Schweizer Alpen im Ernsteinsatz.

Der Curly Coated Retriever

Der Curly Coated Retriever ist eine englische Hunderasse. Über die Herkunft sind sich die Kynologen nicht einig. Während die einen vermuten, dass der Pudel bei der Entstehung am Werk war, glauben die anderen, dass der Curly Coated Retriever sein Lockenfell dem alten englischen Wasserhund zu verdanken hat. Vermutlich hatten auch der Irish Water Spaniel und der Neufundländer bei der Entstehung eine Rolle gespielt. Er soll in der ersten Hälfte des 19. Jahrhunderts entstanden sein. Der Curly gehört als älteste Retriever-Rasse zur FCI-Gruppe 8.

Dem FCI Standard kann man entnehmen, dass der 62 – 67,5 cm große Jagdhund einfarbig schwarz oder braun sein soll. Vom Hinterkopf (inklusive der Ohren) bis zur Rutenspitze ist sein Körper mit dichten, festen Locken ohne Unterwolle bewachsen. Nur sein Gesicht, die Hinterläufe vom Sprunggelenk abwärts und die Front der Vorderläufe sind mit einem anliegenden Kurzhaarfell bedeckt.

Dieser Kraushaar-Hund wird als Spätentwickler bezeichnet. Im Wesen wird er als intelligent, mutig, selbstbewusst und unabhängig beschrieben. Da er sich Fremden gegenüber eher zurückhaltend verhält, gilt er als Ein-Mann-Hund.

Der Irish Water Spaniel

Dieser kastanienbraune gelockte Wasserhund aus Irland hat die Größe eines Großpudels. Im Gegensatz zum Pudel ist das Lockenfell des Irish Water Spaniels nicht wollig, sondern fettig und das Gesicht ist kurzhaarig. Seine Rute ist nur am Ansatz behaart und sie läuft in eine kahle Spitze aus. Sein Fell sollte wöchentlich einmal gebürstet werden, damit sich keine Knoten bilden und es sollte regelmäßig zurückgeschnitten werden.

Da das Temperament des Irish Water Spaniels als mutig und von stürmischem Eifer beschrieben wird, könnte es von Vorteil sein, wenn er in hundeerfahrene Hände kommt.

Seine genaue Herkunft ist nicht bekannt. Es ist fraglich, ob seine Vorfahren bis auf den alten englischen Wasserhund zurückgehen. Verschiedene Kynologen erwähnen, dass in der ersten Hälfte des 19. Jahrhunderts Bloodhounds, Irish Setter und Großpudel in diesen Irischen Wasserhund eingekreuzt worden sind. Es heißt, dieser robuste und temperamentvolle Jagdhund hätte die Klugheit des Pudels und die gute Nase des Setters. Er hat einen großen Bewegungsdrang und ist ein guter Schwimmer.

Der Pudelpointer wird als vielseitiger Jagdhund sehr geschätzt. Die Verwandtschaft des Pudelpointers mit dem Pudel scheint sich mehr auf die inneren Werte zu beschränken: Intelligenz, Dressurfähigkeit, Spurwille und Spurlaut, Bringfreude, Findigkeit bei Verlorensuche, Stöberpassion, Wasserfreude und Raubwildschärfe. Äußerlich sieht man nicht viel vom Einfluss seines kraushaarigen Ahnen.

Inscha, die Pudelpointer-Hündin von Marcel Meier aus Einsiedeln, hat die anspruchsvolle Ausbildung zum Lawinen-Suchhund erfolgreich bestanden und stand durch die Alpine Rettung Schweiz schon mehrmals im Ernst-Einsatz. Inscha lernte das Suchen im Schnee spielerisch. Das Begehen von Hängebrücken wurde gründlich geübt. Auch das gute Gleichgewicht an Steilhängen musste trainiert werden und am Ende der Ausbildung ließ sie sich angstfrei zusammen mit ihrem Meister vom Hubschrauber abseilen.

Wer genau hinschaut wird schnell feststellen, dass hier ein Irish Water Spaniel und kein Großpudel gezeigt wird. Die fast kahle Rute und das kurzhaarige Gesicht sind für diesen irischen Wasserhund zwei ganz typische Merkmale. Er wurde ursprünglich für die Wasserjagd gezüchtet. Auch die Aufgabe als Wachhund könnte er erfüllen. Als Familienhund ist er nur für erfahrene Hundehalter geeignet.

Im 19. Jahrhundert war der Curly Coated Retriever in England bei den Fischern und bei den Wildhütern sehr beliebt. Der intelligente und temperamentvolle Curly liebt es, im Wasser zu arbeiten. Auch sein Wach- und Schutztrieb ist gut ausgebildet. Er ist ein sensibler, kinderfreundlicher Hund, der den Familienanschluss braucht. Seine Intelligenz kann für den Erzieher eine Herausforderung bedeuten.

Der sportliche Pudel

Durch seinen harmonischen und leichten Körperbau ist der Pudel ein sehr beweglicher Hund. Kombiniert mit seinem aufgeweckten und verspielten Wesen ist er für jeden Hundesport geeignet. Mit sportlichen Betätigungen muss man aber warten, bis der Pudel ausgewachsen ist, um Gelenk- oder Bänderprobleme zu vermeiden. Bei sportlichen Höchstleistungen und besonders vor extremen Sprüngen wie zum Beispiel beim Hundefrisbee-Spiel ist ein vernünftiges Aufwärmen sehr wichtig. Leider wird dieser Tatsache nicht immer genug Beachtung geschenkt. Der »kalte« Start ist beim Hund genauso gefährlich wie beim Menschen und kann unter anderem zu Bänderverletzungen führen. Wer mit seinem Pudel regelmäßig aktiv im Wettkampfsport (zum Beispiel im Agility) mitmachen möchte, sollte ihn vorher vom Tierarzt auf HD und Patellaluxation untersuchen lassen, um sicher zu sein, dass gesundheitlich nichts dagegen spricht. Bei entsprechender Vorsicht ist die sportliche Betätigung für Mensch und Hund eine sinnvolle und gesunde Freizeitbeschäftigung, die dem Zwei- und dem Vierbeiner viel Spaß macht.

Die wichtigsten Hundesportarten wie Obedience, Agility und der Turnierhundesport, werden nachfolgend von Pudelbesitzern vorgestellt, die mit ihrem Vierbeiner herausragende Leistungen erzielt haben.

Schon am 24. Oktober 1935 haben zwei Pudel von Mrs Grace Boyd aus England erfolgreich an den Obedience Tests im Crystal Palace mitgemacht. Im gleichen Jahr besuchte Grace Boyd die Vereinigten Staaten von Amerika zusammen mit ihren gut trainierten Pudeln, um dort das Können ihrer Vierbeiner vorzuführen.

Obedience

Ch. Carillon Jester U.D.T. int. C.D.

Am 27. März 1944 kam einer der berühmtesten Obedience-Stars zur Welt. Es war der schwarze Großpudel Jester, der von Miss Blanche Saunders trainiert und vorgeführt wurde. Er zeigte seine perfekt erlernte Kunst des Gehorsams in den Jahren um 1950. An einer Vorführung im Yankee Stadium in New York konnte Jester den Applaus von 75.000 begeisterten Zuschauern entgegen nehmen (aus *The New Poodle* by Mackey J. Irick, Jr., Howell Book House, New York, 1986, Seite 360).

Verena Leuenberger berichtet zum Obedience-Hundesport Folgendes:

Pudel, die in guter Kinderstube sorgfältig aufgezogen und in richtiger Dosis gefordert wurden, also im Gleichgewicht sind, können im Hundesport zusammen mit einer guten Hundeführerin ganz vorzügliche Resultate erreichen.

Ich trainiere mit meinen Pudeln Obedience. Sie freuen sich jedes Mal unbändig, wenn es vom Auto zum Hundeplatz geht. Sie sind anschließend mit großer Konzentration dabei, spielerisch zu lernen.

Obedience ist die »hohe Schule des Gehorsams«. Dies bedingt eine vorzügliche Bindung zwischen Hundeführerin und Hund, denn bei neun von zehn Übungen muss sich der Hund vom Hundeführer lösen. Sieben Übungen davon müssen gar mit Kommandos aus erheblicher Distanz ausgeführt werden. Bei der Ausführung kommt es auf große Aufmerksamkeit, Exaktheit, Schnelligkeit und eine freudige Stimmung des Hundes an. Die Kommandos werden vom Wettkampfleiter vorgegeben. Es gibt vier Schwierigkeitsstufen: Beginners/Brevet, Stufen 1, 2 und 3.

Favor-Furiant Quelle der Freude

Favor war ein ganz außergewöhnlicher, fulminanter Großpudel-Rüde. Mit meinem hoch begabten, enorm beziehungsfähigen »Sportskameraden« verband mich ein starkes emotionales Band. In wenigen Obedience-Wettkämpfen mit hoher Punktezahl erreichten wir spielerisch und fast mühelos die höchste Stufe. Favor lief jeweils zur Höchstform auf, wenn viele Zuschauer anwesend waren. Ich hatte jedes Mal den Eindruck, dass er den Applaus mit hoch erhobener Rute genoss – ein stolzer Pudel eben!
Verena Lauenberger

Im Alter von nur sechs Jahren fiel Favor einem Unfall zum Opfer.

Heute trainiert Verena Lauenberger ihre Hündin »Lustige Locke Quelle der Freude« im Obedience-Sport. Wir sehen sie hier mit Locke beim konzentrierten Laufen bei Fuß in der Stufe 1.

Agility

Diese Hundesportart findet ihren Höhepunkt in der optimalen Harmonie zwischen Hund und Meister. Beim Bewältigen von zwölf bis zwanzig verschiedenen Hindernissen werden Intelligenz, Wendigkeit und Tempo bewertet. Zu den wichtigsten Hindernissen im Agility zählen verschiedene Sprünge wie Hürden, Bürstenhürden, Reifen, Weitsprünge oder »Wassergräben«, Wippen, die A-Wand, der Laufsteg, der Tunnel und der Slalom. Wippe, A-Wand, und Laufsteg sind sogenannte »Kontaktzonenhindernisse«, was bedeutet, dass an ihrem Auf- und Abstieg ein bestimmter Bereich andersfarbig markiert ist, die Kontaktzone. Der Hund muss diese Kontaktzonen im Wettbewerb mit den Pfoten berühren, um keine Fehlerpunkte zu kassieren. Sinn der Kontaktzonen ist, dass der Hund zum Beispiel beim Abstieg von der A-Wand nicht frühzeitig abspringt und sich damit einen Geschwindigkeitsvorteil verschafft, sondern bis zur Kontaktzone hinunterläuft. Der Slalom ist für die Zuschauer eins der spektakulärsten Hindernisse, weil ein geübter Hund sich mit atemberaubender Geschwindigkeit durch die Stangen hindurch windet. Die Einführung in diesen Hundesport sollte ohne Zwang, auf spielerische Art und mit viel Lob an den Vierbeiner erfolgen. Die Hindernisse werden bei jedem Lauf von den Organisatoren anders aufgestellt, was auch für den Hundeführer oder die Hundeführerin eine Herausforderung bedeutet. Er oder sie hat die Aufgabe, dem Hund ohne Verzögerung verständlich zu machen, in welcher Reihenfolge die Hindernisse ohne Leine, schnell und fehlerfrei zu bewältigen sind.

Ein idealer Agility-Pudel hat kein Übergewicht. Ein umgängliches Wesen ist wichtig. Mit dem intensiven Training sollte erst begonnen werden, wenn der Hund ausgewachsen ist. Das Alter der Hunde, die an FCI-Wettbewerben teilnehmen dürfen, ist auf 18 Monate erhöht worden und beim betagten Hund muss berücksichtigt werden, dass seine Bänder nicht mehr so elastisch sind und man somit seine Sprungübungen reduzieren sollte.

Die Hunde werden je nach Größe in verschiedene Klassen eingeteilt. In der Klasse »Small« laufen alle Hunde mit einer Schulterhöhe unter 35 cm, »Medium« ist für die Hunde zwischen 35 und 43 cm Schulterhöhe und in der Klasse »Large« sind alle Hunde über 43 cm eingeteilt.

Der erfolgreichste Agility-Pudel ist die weiße Zwergpudelhündin Pebbles aus der Schweiz. Ihr Besitzer und Trainer Martin Eberle berichtet zu den Erfolgen mit seiner Pudelhündin Folgendes:

Pebbles, die Agility-Weltmeisterin

Die weiße Zwergpudel-Hündin »Windy Nights Lovely Pebbles Flintstone« kam am 30.10.2000 bei Ester Byland in Seon als Einzelwelpe zur Welt. Ihre Eltern waren Ausstellungshunde. Mit beiden wurde kein Hundesport betrieben. Pebbles kam im Dezember 2000 zu mir und sie war von Anfang an sehr dominant und zielbewusst. Sie hat ein sehr starkes Selbstbewusstsein. Sie ist herrlich und mühsam zugleich. Pebbles verbiegt sich nicht. Sie ist und bleibt so, wie sie sein will. Pebbles und ich sind uns sehr ähnlich und so harmonierten wir von Anfang an bestens.

Im Alter von zwei Jahren lief ich mit meiner Zwergpudel-Hündin an Agility-Turnieren bereits in der höchsten Stufe und im Mai 2003 gelang es uns zum ersten Mal, in Frankreich den Vize-Weltmeister-Titel in der Sparte »small« zu holen. 2005 konnten wir diesen Erfolg in Spanien wiederholen. Unseren Höhepunkt erlebten wir 2006 an der WM in Basel: Pebbles und ich wurden Weltmeister im Einzellauf. Das ist der größte Erfolg, den ein Agility-Sportler erreichen kann. Dieses Erlebnis werde ich nie vergessen.

In den darauf folgenden zwei Jahren konnten wir aus Norwegen und aus Finnland erneut mit dem Vize-Weltmeister-Titel nach Hause fliegen.

In der Zeit von 2003 bis 2008 durften Pebbles und ich an den Agility Schweizermeisterschaften dreimal die Goldmedaille entgegennehmen.

Es freut mich, dass meine kleine Pebbles jeweils einem großen Publikum zeigen konnte, welch enorme Energie ein Zwergpudel entwickeln kann.

Martin Eberle

Hans-Peter Dressen mit seinem Pudel Ch. Nando vom Swentner Moor in Aktion beim Turnierhundesport.

Der Turnierhundesport

Dieser älteste vom VDH anerkannte Hundesport ist gewissermaßen Leichtathletik mit Hund. Der Teilnehmer muss körperlich trainiert an den zahlreichen Hindernisläufen teilnehmen, wobei der Hund mit seinem Führer arbeiten muss. Die bekanntesten Wettkampfformen im Turnierhundesport sind der Vierkampf, der CSC (Combination Speed Cup) und der Geländelauf.

Hans-Peter Dressen ist mit seinem Pudel Ch. Nando vom Swenter Moor aus der Zucht von Inge Flocken ein begeisterter Tunierhundesportler. Auf dem Trainingsplatz war er anfänglich vielen skeptischen Blicken und Bemerkungen ausgeliefert, doch Hans-Peter und Monika Dressen waren überzeugt, dass der temperamentvolle, sehr gut gebaute und gelehrige Pudel genau der richtige Hund für diesen anspruchsvollen Hundesport ist. Ihre Erwartungen wurden voll erfüllt. Inzwischen läuft Nando an der Spitze im DSV mit und im Verein wagt es niemand mehr, sich über den Pudel lustig zu machen. Nando wird im Turnierhundesport-Verein Eschweiler Vereinsmeister und gleichzeitig holt er sich an den Hundeausstellungen die beiden Titel VDH-Champion und VDH-Europasieger.

Sportliche Pudel aus Schweden

Der vierjährige braune Dyrstad's Scandic Diesel ist schwedischer Champion im Spurensuchen und holte sich ein Diplom im Obedience. Sein Vater Bruno-Brown und der apricotfarbene Unic Micha's Morris waren ebenfalls begeisterte Teilnehmer an Obedience- und an Agility-Wettbewerben. Im Sommer genießen die drei das Apportier-Spiel aus dem Wasser und im Winter macht es dem Pudel-Trio Spaß, ihre Meisterin Lena Arvidsson auf den Skiern durch die verschneite Schneelandschaft zu ziehen.

Der fröhliche Wanderbegleiter

Pudel, die täglich mehrmals auf größere Spaziergänge ausgeführt werden, zeigen als Wanderbegleiter eine bewundernswerte Ausdauer. Der Kleinpudel Georgie (Black Crown's King George) der Autorin begleitete seine Besitzer auch im Alter von zwölf Jahren noch freudig auf fünf- bis siebenstündigen Bergwanderungen.
Auf dem nebenstehenden Bild sitzt er auf Fuorcla Surlej in den Bündner Bergen auf einer Höhe von 2755 Meter über dem Meer.

Auch die Zwergpudel der Autorin sind sehr sportliche Hunde, die in den Bergen mühelos und freudig vier- bis sechsstündige Wanderungen mitmachen.

Kleinpudel Georgie als Bergtourenbegleiter im Alter von zwölf Jahren auf Fuorcla Surlej im Engadin. Er erreichte ein schönes Alter von über 17 Jahren.

Pudelrennen

Schon in den 1950er Jahren wurden zum Spaß von Zwei- und Vierbeinern von den Pudelklubs Rennen organisiert. Hier werden keine Hasen-, Katzenfelle oder Attrappen über die Rennbahn gezogen, um die Rennlustigen anzuspornen. Der ganze Ansporn ist das Bedürfnis des Pudels, möglichst schnell zu seinem Meister zu rennen. Am Start werden die Pudel von Helfern am Halsband festgehalten. Dann entfernt sich der Besitzer über die Rennbahn in der Hoffnung, dass er mit seinem Pudel im Blick-Kontakt bleiben kann und stellt sich hinter die Ziellinie. Auf Kommando werden die Pudel möglichst gleichzeitig losgelassen, damit sie ihrem Besitzer entgegenrennen können.

In der Schweiz findet jedes Jahr am ersten Sonntag im September ein großes Pudelrennen auf der Windhunderennbahn in Rifferswil statt. An dieser Veranstaltung des Zürcher Pudelclubs rennen immer rund 100 Pudel um die Wette. Sie rennen getrennt nach Größe und die Gruppen sind in Rüden und Hündinnen aufgeteilt.

Wer im Sinn hat, sich einen Pudel zu kaufen und das spezielle Wesen dieses Vierbeiners etwas besser kennenlernen möchte, der wird wohl von einem Pudelrennen einem besseren Eindruck bekommen als an einer Hundeausstellung, wo es nur darum geht, die Eleganz dieses Wollhundes zu betonen. Am Pudelrennen werden Sie viel vom einsatzfreudigen Temperament, von der erstaunlichen Beweglichkeit und von seiner engen Beziehung zu seinem Betreuer mitbekommen.

Der Reitbegleithund

Der Pudel gehört nicht unbedingt zu den bekanntesten Reitbegleithunde-Rassen, eignet sich aber wegen seiner großen Kooperations- und Bindungsbereitschaft mit seinem Besitzer besonders gut dazu, da er nicht dazu neigt, sich selbstständig weit von Reiter und Pferd zu entfernen. Auch das ausdauernde Laufen im mühelosen Trab liegt dem sportlichen Pudel gut.

Um Hunde auf das sichere Mitlaufen am Pferd vorzubereiten, werden in Deutschland inzwischen sogar spezielle Kurse angeboten.

Wichtig für die Ausbildung zum späteren Reitbegleithund ist zunächst vor allem, Hund und Pferd gut aneinander zu gewöhnen, damit beide zwar Respekt, aber keine Angst voreinander haben. Der Hund muss dann lernen, neben und am Pferd zu laufen und den Anweisungen seines Menschen auch dann noch zu folgen, wenn dieser im Sattel sitzt. Voraussetzung ist natürlich, dass vor allem der Rückruf vorher sehr gut »zu Fuß« geübt wurde und der Hund keine selbstständigen Jagdausflüge ins Gebüsch unternimmt.

Weil es beim Reiten schneller vorangeht als zu Fuß, macht das Mitlaufen am Pferd den meisten Hunden großen Spaß.

Die braune Großpudelhündin Birdy vom Emmelhofer Häusle, genannt »Suse« von Gisela Rau streift gerne und mit großer Ausdauer als Reitbegleithund durch Feld und Wald.

Interview mit dem »Poodle Man«

Das Schlittenpudel-Team von John Suter

John Suter und seine Frau Mary aus Chugiak in Alaska trainierten seit 1975 über zwanzig Jahre lang eine Gruppe von Großpudeln für Schlittenhunderennen. 1976 war das Dreier-Pudel-Gespann von John Suter das schnellste Team an den Club-Rennen von Chugiak und Anchorage. In den nachfolgenden Jahren nahm John Suter mit seinen Pudeln an 280 Schlittenhunderennen teil. Seine Pudel rannten vom 3er bis zum 20er Gespann. Diese gut trainierten Schlittenpudel nahmen an Rennen von 3, 25, 50, 200 und 500 Meilen teil, wobei sie 90 Mal auf dem Sieger-Podest unter den drei besten Teams standen. Der Höhepunkt des Schlittenpudel-Teams von John Suter war die viermalige Teilnahme am rund 1200 Meilen (1900 Kilometer) langen Iditarod-Rennen von Anchorage nach Nome in den Jahren 1988 bis 1991. Das Pudelgespann kam jeweils im Mittelfeld durchs Ziel.

Auf dieser langen Strecke durch die gefrorene Wildnis gibt es verschiedene Checkpoints. Dort werden die Hunde von Tierärzten untersucht. Erschöpfte Tiere müssen ausgeschieden werden. Die ausgeschiedenen Hunde werden zurücktransportiert und dürfen nicht ersetzt werden. Wenn einem Gespann weniger als fünf Hunde bleiben, muss das Team aufgeben.

Verschiedene Fachleute waren der Meinung, dass es nicht möglich sei, dieses Rennen mit Pudeln zu überstehen. Doch sie täuschten sich: John Suter schaffte es. Sein Pudelgespann erregte bei den Zuschauern und bei den Medien viel Aufmerksamkeit.

Für das vorliegende Buch sprach die Autorin noch einmal mit John Suter persönlich und fragte ihn nach seinen Erinnerungen:

Wie kamen Sie auf die Idee, die Pudel zu Schlittenhunden auszubilden?

Eigentlich hatte ich ursprünglich den Eindruck, der Pudel sei ein Luxusgeschöpf, das nur darauf wartet, verwöhnt zu werden. Aber als eines Tages die weiße Kleinpudel-Hündin Fluette der Schwiegereltern zum Hüten zu uns kam, vergaß ich diese Vorurteile. Ich bewunderte das Temperament, die Energie und die Lebensfreude dieses Pudels und ich begann mich näher mit dieser

Hunderasse und ihrer Herkunft zu befassen. Die Erkenntnis, dass der Pudel früher als Gebrauchshund im Einsatz stand, weckte in mir die Idee, eine Pudelgruppe zu Schlittenhunden zu trainieren. Diese Idee hängt auch mit unserem Wohnort in Alaska zusammen. Hier sind die Schlittenhunderennen ein beliebter Hundesport. Pudel zu Schlittenhunden zu trainieren ist ein langer Weg. Bei den Huskies ist die Lust, im Verband einen Schlitten zu ziehen, angeboren. Den Pudel muss man dazu motivieren, damit ihm dieser Hundesport Spaß macht. Daran mussten wir arbeiten und wir schafften es.

Hatten Sie im Ausbilden von Hunden bereits Erfahrung?
Schon als Kind liebte ich den Umgang mit Hunden und es machte mir Spaß, meinen Schäferhund in Obedience zu trainieren. Später stand ich als Ausbilder für Polizeihunde im Einsatz. Damals arbeitete ich vorwiegend mit Deutschen Schäferhunden.

Lernen die Pudel anders als die Schäferhunde?
Eigentlich lernen beide gut und schnell. Beim Pudel ist mir aufgefallen, dass er beim Kommando schon auf die leiseste Veränderung im Ton reagiert. Was andere Hunde durch ihre Muskelkraft erreichen, erreicht der Pudel durch seine Intelligenz.

Wie kann man einem Pudel das Schlittenziehen beibringen?
Völlig fremd ist dem Pudel das Ziehen des Schlittens nicht, denn früher spannten die Gaukler den Pudel auch vor den Wagen, den sie ziehen mussten. Fremd war ihm das Rennen im Verband. Dazu brauchte es auch einen vierbeinigen Trainer. Das heißt, wir ließen schon die acht Wochen alten Welpen einem Husky beim Schlittenziehen zuschauen. So kann man vom Nachahmungstrieb profitieren.

Welcher Pudel war Ihr Favorit?
Mein Favorit war der schwarze Großpudel »Unalakleet«. Wir benannten ihn nach einem Dorf, das auf dem Iditarod-Rennen durchquert werden muss. Er war unser bester und schnellster Leit-Pudel. Schon in früheren Rennen im Dreiergespann leistete er beste Arbeit. Ihn werde ich nie vergessen.

Wie schützten Sie Ihre Pudel auf den Rennen vor der großen Kälte?
Bei extremen Temperaturen waren unsere Pudel in warme Mäntel gepackt und an den Pfoten trugen sie Socken. Ihre Beine waren mit einem öligen Spray behandelt, damit der Schnee im Wollfell nicht hängen blieb.

Wie reagierten die Musher der Husky-Teams auf Ihr Pudelgespann?
Die Reaktionen waren unterschiedlich. Es gab Musher, die sich freuten, die Pudel im Gespann rennen zu sehen und es gab andere, die eifersüchtig waren. Im Allgemeinen ärgerten sie sich darüber, dass unser Pudelgespann unter den Zuschauern am beliebtesten war und es störte sie, dass die Presse unseren Schlittenpudeln sehr viel Beachtung schenkte.

Was war Ihr eindrücklichstes Erlebnis mit Ihren Pudeln?
Noch nie zuvor war jemand mit einem Pudelgespann auf dem Iditarod-Schlittenhunderennen unterwegs und ich hörte immer nur sagen, dass es nie möglich sein würde, ein Rennen von einer Länge von 1800 Kilometern mit Pudeln zu überstehen. Heute weiß man, dass es möglich ist. Wir schafften es. Das Gefühl beim Überqueren der Ziel-Linie in Nome war einmalig. Man möchte die ganze Welt umarmen. Nach rund zwei Wochen durch die eisige Stille und nach durchfrorenen Nächten endlich am Ziel anzukommen, war für mich jedes Mal das eindrücklichste Erlebnis mit meinen Pudeln. Es war nicht mein Ziel, dieses Rennen zu gewinnen. Wir sind jedes Mal im Mittelfeld angekommen. Damit konnte ich zeigen, dass auch der Pudel zu ex-

tremen Leistungen fähig ist und das freute mich. Wir waren immerhin schneller als die Hälfte der Husky-Teams.

In Alaska bin ich noch heute als »John Poodle Man Suter« bekannt.

Was wünschen Sie dem Pudel für die Zukunft?

Ich wünsche dem Pudel, dass er vermehrt zu Leuten kommt, die fähig sind und die Lust haben, die Talente dieses begabten Hundes zu fördern, damit ihm eines Tages wieder die volle Anerkennung zugesprochen wird, so wie das vor rund hundert Jahren der Fall war.

Die Bilder zeigen die drei schnellen schwarzen Großpudel mit John Suter auf einer Siegestour im Jahr 1976 bei einem Clubrennen in Chugiak bei Anchorage in Alaska. Dem zuverlässigen Leitpudel Unalakleet folgen Knik und Ninilchik.

Der vitale Pudel

So bleibt der Pudel fit

Der Pudel ist ein vitaler Hund. Damit er das ein Leben lang bleiben kann, bieten wir ihm ein hundegerechtes Leben mit viel Bewegung und einer gesunden Ernährung.

Ernährung

Bezüglich der Ernährung sollten Sie sich vorerst an die Anweisungen des Züchters halten. Eine Futterumstellung kann nur schrittweise vorgenommen werden, sonst könnte es zu einer Magenverstimmung kommen. Wenn Sie ein Fertigfutter vorziehen, sollten Sie sich über die Zusammensetzung informieren. Als Abkömmling vom Raubtier Wolf schätzt es der Pudel, wenn seine Mahlzeit zu einem großen Teil (und nicht nur zu 4 – 5 %) aus Fleisch besteht. Wer den Aufwand nicht scheut, kann das Futter auch selber zubereiten. Klein geschnittenes, in der Pfanne kurz aufgewärmtes Fleisch (kein Schweinefleisch), vermischt mit gekochten und pürierten Karotten und Reis, angereichert mit einem Joghurt und einem Vitamin-Präparat wäre zum Beispiel ein gut verdauliches und schmackhaftes Menü. Es ist gut, wenn Ihr Pudel sowohl an Frisch- als auch an Fertigfutter gewöhnt ist, denn das Fertigfutter kann in den Ferien praktisch sein. Es gibt Pudel, die gerne Hüttenkäse oder Weichkäse essen. Dieser Weichkäse als Dessert hat den Vorteil, dass sich darin gut ein Medikament verstecken lässt.

Wenn es der Pudel mag, darf er auch Früchte essen. Es gibt viele Pudel, die es schätzen, wenn sie kleine Apfelstücke serviert bekommen. Das Füttern von Trauben sollte man unterlassen, denn die Traubenkerne sollen für die Hunde giftig sein. Kuhmilch ist für den Hundemagen meistens schlecht verträglich. Die kleinen Kaffee-Sahne-Portionen werden aber gern genommen.

Kalbsknochen können hilfreich sein, um die Milchzähne auszubeißen. Knochen wirken aber stopfend. Zum Kauen eignen sich auch die sogenannten Büffelhaut-Spielsachen.

Achten Sie darauf, dass der Pudel nie hungrig ist, wenn Sie selber am Tisch essen. So kommt er viel weniger auf die Idee, am Tisch zu betteln. Süßigkeiten gehören nicht in den Menüplan des Vierbeiners.

Ferien

Ein Pudel mit vollem Familienanschluss wird sich schnell an belebte Straßen, an das Zug-, Straßenbahn- und an das Autofahren gewöhnen, so dass man auf Reisen mit ihm keine Schwierigkeiten haben wird. Er wird es sehr genießen, in Ihrer Nähe zu sein. Pudel, die das Autofahren noch nicht gewohnt sind, nimmt man vorsichtshalber mit leerem Magen mit. Beim Aussteigen aus dem Auto muss man immer besonders gut aufpassen, dass man den Pudel oder seine Leine gut im Griff hat, damit er nicht auf die Straße rennen kann.

Wenn Sie den Pudel in Ihre Ferien einplanen, wird er sich freuen. Reine Badeferien an heißen Stränden würden ihm aber weniger zusagen als Wanderferien in den Bergen. Wenn Ihr Programm absolut nicht hundegerecht aussieht, dann ist es für den Vierbeiner am besten, wenn Sie ihn unterdessen privat bei einer ihm bekannten Person unterbringen können.

Reisen

Kleine Pudel, die es gewohnt sind, unterwegs in einer Hundetasche zu bleiben, dürfen in der Schweiz und in Deutschland in öffentlichen Verkehrsmitteln gratis mitreisen. Für größere Hunde bezahlt man eine Kinderfahrkarte. In Frankreich gibt es spezielle Hundefahrkarten. Im Auto reist der Pudel am sichersten, wenn er sich an eine Box gewöhnt ist. Kleine Hunde mit einem Gewicht bis zu 5 kg, das heißt kleine Zwergpudel und Toypudel, dürfen im Flugzeug in der Kabine mitreisen. Man muss die Hunde-Tasche bei den Füßen platzieren. Die größeren Hunde kommen bei Flugreisen in einer Box in den Gepäckraum.

Lassen Sie im Sommer wenn möglich die Klima-Anlage im Auto nicht pausenlos auf Volltouren laufen. Der dadurch verursachte Durchzug könnte beim Pudel eine Bindehaut- oder eine Mandelentzündung auslösen.

Erkundigen Sie sich bei Reisen ins Ausland über die Einreisebestimmungen, damit Ihr Pudel die erforderlichen Impfungen rechtzeitig bekommt.

Frisches Trinkwasser

Nehmen Sie auf die Reise immer auch eine Flasche mit frischem Wasser und ein Trinkgeschirr für Ihren Vierbeiner mit. Falls Sie in einem Stau in der Hitze stecken bleiben sollten, ist Ihr Pudel froh, wenn er seinen Durst löschen kann. Frisches Wasser ist für den Hund auch wichtig, wenn Sie ihn auf eine Wanderung mitnehmen, denn es könnte gefährlich werden, wenn er unterwegs seinen Durst mit Wasser aus schmutzigen Pfützen stillt. Im Ausland oder überall dort, wo wir selbst das Wasser nicht direkt vom Wasserhahn trinken, sollten wir auch dem Hund Mineralwasser ohne Kohlensäure aus der Flasche anbieten.

Wann zum Tierarzt?

Wenn Sie über das veränderte Verhalten Ihres Pudels verunsichert sind, ist es sinnvoll, das Problem mit dem Tierarzt zu besprechen. Muss man den verletzten Pudel nach einem Unfall oder nach einer Beißerei zum Tierarzt bringen, kann ein Maulkorb von Nutzen sein, weil Tiere mit Schmerzen unberechenbar reagieren können.

Die meisten Besuche beim Tierarzt werden normale Routine-Untersuchungen oder Impftermine sein.

Bei Problemen mit dem Zahnwechsel ist eine Konsultation beim Tierarzt empfehlenswert.

Wenn plötzlich der Appetit fehlt, könnten eine Magenverstimmung, Halsweh oder bei einem älteren Pudel auch Zahnweh der Grund sein. Wenn sich nach drei Tagen keine Besserung einstellt, sollte tierärztliche Hilfe beigezogen werden.

Ab und zu kann es vorkommen, dass der Pudel Gras frisst und keinen Appetit auf sein Futter zeigt. Das deutet auf eine Darmentzündung hin. Diesem Übel kann das Eingeben von leichtem, ungezuckertem Schwarztee oder Magentee Abhilfe schaffen. Das Eingeben von Tee oder flüssigen Medikamenten gelingt, wenn Sie dazu eine Spritze ohne Nadel oder eine Pipette verwenden. Spritzen Sie die Flüssigkeit direkt ins Hundemaul, aber so vorsichtig, dass sich der Vierbeiner dabei nicht verschluckt.

Ohrenschmerzen erkennt man, wenn der Pudel plötzlich häufiger den Kopf schüttelt. Mit Kopfschütteln kann er auch anzeigen, dass ihm ein Korn mit Widerhaken in den Gehörgang gekommen ist. Ein solches müsste von einem Tierarzt so schnell wie möglich entfernt werden.

Bei einem harmlosen Durchfall kann Geli-Stop und Bioflorin aus der Apotheke helfen. Oft hilft es, wenn man gekochte und pürierte Karotten unter sein Futter mischt. Reis, Hühnchenfleisch und Hüttenkäse sind bei Magenverstimmungen meist gut verträglich.

Ohruntersuchung beim Tierarzt.

Bei den Zwerg- und Toypudeln kann es vorkommen, dass sie beim Rennen plötzlich ein Hinterbein hochziehen. Das kann mit einer Kniescheiben-Luxation in Zusammenhang stehen. Wenn dabei nur vereinzelte Hüpfer gemacht werden, leidet der Pudel nicht darunter. Bei schweren Fällen könnte das Problem operativ behandelt werden.

Auch der Züchter Ihres Pudels wird daran interessiert sein, zu erfahren, wenn ein Hund aus seiner Zucht gesundheitliche Probleme hat. Falls es sich um ein erbliches Problem handelt, wird er für Rückmeldung dankbar sein.

Ungezieferbefall

Beim Tierarzt bekommen Sie vorbeugende Mittel, die gegen Ungeziefer wie Flöhe oder Zecken wirksam sind. Bei der Anwendung sollte man vorsichtig sein, denn diese Mittel sind nicht für jeden Hund gleich gut verträglich. Bei den Zwerg- und Toypudeln kann man versuchsweise die angegebene Dosis vorerst halbieren. Oft ist diese reduzierte Dosis bereits ausreichend. Nach jedem längeren Spaziergang durch Wald und Feld sollten Sie Ihren Pudel auf Zecken absuchen, damit diese so schnell wie möglich entfernt werden können, bevor sie eine Krankheit übertragen. In Zoofachgeschäften kann man sich Zeckenpinzetten oder Zeckengabeln besorgen, mit denen man diese Plagegeister relativ gut entfernen kann. Es hat sich auch bewährt, das Fell des Pudels vor einem großen Spaziergang mit Lavendelwasser zu besprühen. Dieser Duft schreckt die Zecken ab. Bei eisigen Temperaturen im Winter sind die Zecken nicht aktiv. In den Bergen oberhalb von 1500 Metern über Meer gibt es zurzeit diese Plagegeister noch nicht.

Wenn Ihr Pudel auf dem Spaziergang kaum unreine Sachen frisst, kann man in Abständen von einem halben Jahr den Kot beim Tierarzt auf Parasiten untersuchen lassen, damit Sie Ihren Vierbeiner nicht unnötig mit einer Wurmkur belasten müssen.

Die meisten Hunde lieben den Schnee sehr. Das trifft auch für den Pudel zu. Leider eignet sich das Wollfell nicht, um im Nassschnee herum zu tollen, weil viel zu viel Schnee in den Wollhaaren kleben bleibt. Da ist die Gefahr groß, dass Schnee gefressen wird, was eine schlimme Magenverstimmung mit Durchfall nach sich ziehen könnte.

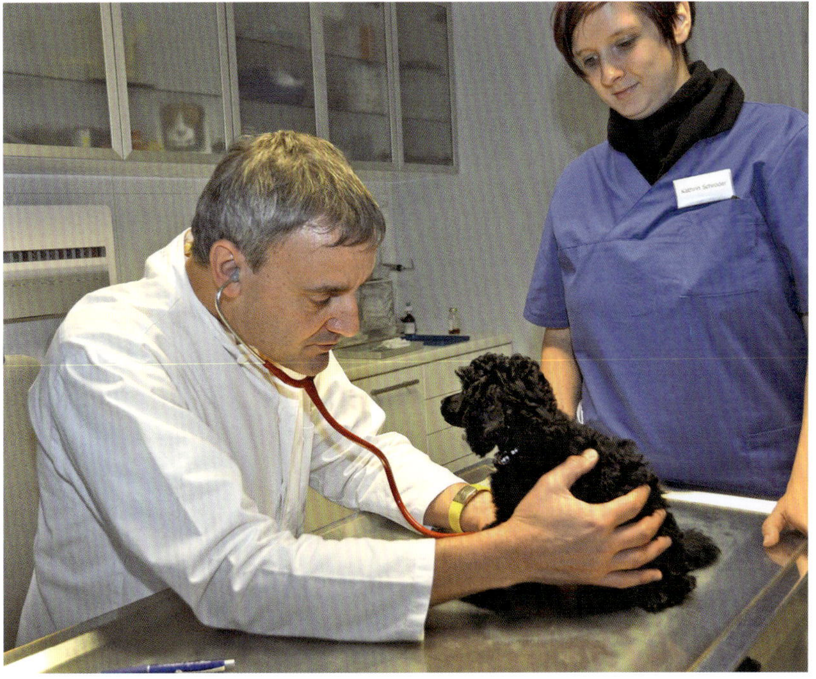

Bienen- oder Wespenstiche

Auch wenn unter den Hunden die Allergie auf Wespen- oder Bienenstiche eher selten vorkommt, ist es doch wichtig zu wissen, dass man im Notfall schnell reagieren muss. Wenn der Pudel nach dem Stich bewusstlos wird, ist es höchste Zeit mit ihm in die nächste Tierarztklinik zu fahren. Eine dem Gewicht angepasste Adrenalin-Spritze kann Hilfe leisten. So ein allergischer Schockzustand kann lebensbedrohlich sein, wenn man nicht schnell genug handeln kann. Bei Wespen- und Bienenstichen kann das Auflegen einer aufgeschnittenen Zwiebel als Kühlung dem Vierbeiner Erleichterung bringen. Der Stachel der Biene sollte sofort herausgezogen werden.

Notfälle

Notfälle sind zum Beispiel blutende Verletzungen nach Unfällen oder Beißereien. Wenn ein Welpe nach einem großen Sprung heftig schreit, sollte durch eine tierärztliche Kontrolle festgestellt werden, ob er sich eine Verletzung zugezogen hat, weil diese Gefahr beim noch nicht ausgewachsenen Skelett relativ hoch ist.

Auch bei Verdacht auf Vergiftungen soll man unverzüglich den Tierarzt aufsuchen. Zur Vorbeugung sollten Sie Zuhause alle Medikamente so aufbewahren, dass der Hund sie nicht erreichen kann.

Nachfolgend aufgeführte Probleme zählen ebenfalls zu den Notfällen:

- Durchfall mit Fieber
- Insektenstiche mit Kreislauf-Kollaps
- Plötzliches Erlahmen
- Verschlucken eines Gegenstandes

Der Verdacht auf eine Magendrehung muss ebenfalls als Notfall behandelt werden. Dieses lebensbedrohende Problem kann bei Großpudeln mit einem tiefen Brustkorb vorkommen. Zur Vorbeugung wird empfohlen, Großpudel nach dem Essen ruhen zu lassen, denn die Magendrehung passiert schneller, wenn der Pudel mit vollem Magen rennt oder springt. Es ist von Vorteil seine Mahlzeit täglich auf zwei Portionen zu verteilen. Eine Magendrehung zeigt sich wie folgt an: Plötzliches Aufblähen des Magens. Der Bauchumfang nimmt rasch zu und die Bauchdecke ist gespannt. Der betroffene Hund wird unruhig. Brechreiz plagt ihn, ohne dass er erbrechen kann. In diesem Zustand braucht er sofort tierärztliche Hilfe. Ein operativer Eingriff kann nur erfolgreich sein, wenn der Magen noch nicht zu stark geschädigt ist und der Kreislauf eine Narkose noch zulässt. Bei der Operation wird der Magen im Bauchraum fixiert, so dass er sich nicht mehr drehen kann.

Unfälle

Einige Unfälle können durch vorsichtiges Verhalten (Wegräumen von Medikamenten, ausbruchsicherer Zaun um den Garten) vermieden werden. Beim Hundesport, besonders dann, wenn Sprünge, schnelle Stopps und Wendungen verlangt werden, ist ein gutes Aufwärmen vor dem Training wichtig, um Verletzungen zu vermeiden.
Beim Wandern in den Alpen könnte ein frei umherrennender Pudel in einer abgelegenen Gegend von einer Schlange (Viper) gebissen werden. Menschen sind weniger gefährdet, weil die Schlangen wegen der Erschütterung sein Herankommen besser wahrnehmen. Schlangen sind scheu und flüchten. In den Bündner und Tessiner Alpen in der Schweiz wurden schon ab und zu Jagdhunde von Schlangen gebissen, weil sie sich oft abseits von den Wanderwegen bewegen. Die Bissstelle schwillt schnell stark an und man sollte unverzüglich einen Tierarzt aufsuchen, damit er eine Antibiotika-Kur einleiten kann.

Eine gute Sozialisierung des Pudels, die schon beim Welpenspiel anfängt, hilft, dass er später weniger in Beißereien verwickelt wird, weil er rechtzeitig gelernt hat, sich artgerecht zu verhalten.

Im Zusammengang mit Autos sollte man sehr vorsichtig sein. Lassen Sie auf einem Parkplatz den Pudel nie frei aus dem Auto springen und lassen Sie ihn nicht auf dem Vorplatz vor dem Haus frei umherlaufen, wenn Sie die Rückkehr eines Familienmitglieds mit dem Auto erwarten. Hunde erkennen sehr schnell das Geräusch des Motors des eigenen Fahrzeugs und würden ihm zur Begrüßung entgegenrennen, was sehr gefährlich sein könnte.

Hundekrankheiten

Gegen die gefürchteten Hundekrankheiten wie Staupe, Parvovirose, Leptospirose oder den Zwingerhusten werden schon die Welpen geimpft. Nach einem Jahr erfolgt eine Nachimpfung und anschließend kann man eine längere Unterbrechung wagen, denn in den letzten Jahren wurde festgestellt, dass der Impfschutz bei den meisten Impfungen länger als ein Jahr andauert. Bei der Tollwutimpfung, die man in der Schweiz oft erst im Alter von einem halben Jahr zum ersten Mal machen lässt, wird nun offiziell ein Impfschutz von drei Jahren gewährleistet.

Vor ein paar Jahren gab es in der Schweiz nach Überschwemmungen ein paar schwere Fälle von Leptospirose. Es traf damals geimpfte und ungeimpfte Hunde. Es waren alles Hunde, die aus schmutzigen Tümpeln Wasser getrunken hatten, die erkrankt sind. Darum lohnt es sich, dem Hund das Trinken aus Tümpeln gar nicht erst anzugewöhnen. Auf großen Ausflügen und Wanderungen sollte immer frisches Wasser mitgeführt werden, das man dem Vierbeiner von Zeit zu Zeit anbietet, damit er nicht auf die Idee kommt, seinen Durst mit schmutzigem Wasser zu löschen.

Erbkrankheiten

Die seriösen Züchter bemühen sich, vernünftige Verpaarungen zu planen, um den Ausbruch von Erbkrankheiten möglichst zu vermeiden. Früher war die Linienzucht sehr beliebt, weil sich auf diese Weise ein bestimmter Typ am schnellsten herauszüchten ließ. In dieser Zeit standen Best-in-Show-Winners leider viel zu oft im Zuchteinsatz, was die Zuchtbasis einschränkte. Die Erfahrungen haben gezeigt, dass ein solches Zuchtprogramm eines Tages an seine Grenzen stößt, weil so die kumulierten Linien auf Erbkrankheiten immer anfälliger wurden. Die Genetiker wie zum Beispiel Prof. Dr. John Armstrong aus Kanada (www.canine-genetics.com/inbreed.htm) empfehlen Fremdverpaarungen, um mit Hilfe eines breiten Gen-Pools die Verbreitung von Erbkrankheiten in Grenzen zu halten. Er rät den Rassehundeklubs dringend, für die Züchter Abstammungs-Datenbanken zu erstellen. Seine Ermahnungen bewirkten ein Umdenken. Das Zuchtziel Gesundheit hat heute bei vielen Züchtern erste Priorität. Eindrücklich schreibt auch Hellmuth Wachtel in seinem Buch *Hundezucht 2000* zu diesem Thema. Wichtig ist, dass der Züchter seine Zuchtlinien gut kennt.

Von den offiziellen Pudelclubs in Deutschland, der Schweiz und in Österreich werden vor dem Einsatz in der Zucht bei der sogenannten Zuchttauglichkeitsprüfung bestimmte gesundheitliche Atteste verlangt. Die Großpudel müssen zum Beispiel auf HD untersucht sein. Bei den Klein-, Zwerg- und Toypudeln werden eine Kniescheiben-Untersuchung und Augentests auf PRA (Gentest) und auf den juvenilen Katarakt verlangt. Die Verbreitung der PRA (das ist eine ererbte Degeneration der Netzhaut, die in der Endphase zur Erblindung führt) hat man heute durch Gentests weitgehend im Griff. Beim Großpudel kennt man auch die Hautkrankheit Sebadenitis (die SA gleicht einer Degeneration der Talgdrüsen), deren Ausbruch die Züchter mit vernünftigen Verpaarungen zu vermeiden versuchen. Der Vererbungsverlauf dieser Krankheit ist noch nicht voll abgeklärt. Auch bei den Hüftgelenk-Problemen weiß man noch nicht genau, wie sie vererbt wer-

den. Es ist sicher von Vorteil, wenn mit Eltern gezüchtet wird, die frei von Hüftgelenk-Problemen sind. Datenbanken mit Abstammungen und Gesundheitshinweisen sind von großer Bedeutung. Lynn Brucker aus Dayton leistet den Züchtern mit ihren Helferinnen mit der Erstellung einer solchen Pudel-Datenbank mit Angaben über Pudel-Abstammungen aus aller Welt einen großen Dienst. Die Internetadressen finden Sie im Anhang. Auch auf der Seite des amerikanischen Pudelclubs www.poodleclubofamerika.org finden Sie Informationen zu Erbkrankheiten.

Der alte Pudel

Als Pudelbesitzer hat man das Glück, einen Hund zu haben, der sehr alt werden kann. Viele Pudel erreichen ein hohes Alter zwischen 16 und 18 Jahren. Eine wissenschaftliche Studie der Zoologin Dr. Helga Eichelberg aus dem Jahr 1996 brachte das erfreuliche Resultat, dass der Pudel von allen Hunden (Rassehunde und Mischlinge miteinbezogen) das höchste Alter erreichen kann. Das heißt aber nicht, dass der Abschied nach so langer Zeit einfacher ist.

Mit 16 Jahren können viele Pudel noch Lebensfreude zeigen. In diesem Alter muss man besonders gut auf die Zähne des vierbeinigen Schützlings achten und wenn der Zahnstein zum Problem wird, ist der Gang zum Tierarzt unumgänglich. Er wird dem alten Pudel die Zähne unter einer schonenden Narkose reinigen. Oft müssen auch Zähne gezogen werden.

Bei der Fütterung wird beim älteren Pudel der Fleischanteil zur Schonung der Nieren reduziert und die Mahlzeiten sollten auf mehrere Portionen, mindestens zwei pro Tag, verteilt werden und die Spaziergänge werden etwas kürzer. Im Hochsommer sollte man einen alten Pudel nicht mehr auf einen großen Marsch an der Sonne mitnehmen.

Kastrierte Hündinnen werden im höheren Alter oft »undicht« und Sie müssen sich etwas einfallen lassen, damit Sie durch diesen Umstand nicht zu sehr gestört werden. Der Tierarzt könnte ein Hormonpräparat verschreiben. Auch mit dem Anziehen von Papierwindeln in der Nacht könnte man das Problem beheben. Persönlich ziehe ich die zweite Lösung vor, weil die Verabreichung von Hormonen oft eine krebserregende Wirkung hat. Bei sehr alten Pudeln lässt am Ende auch die Hör- und Sehkraft nach und der Muskelschwund beginnt.

Altersfrische-Wettbewerb

In der Schweiz wird seit vielen Jahren von einer Berner Regionalgruppe der Schweizerischen Kynologischen Gesellschaft jährlich ein Altersfrische-Wettbewerb für Rassehunde durchgeführt. Die Teilnehmer müssen mindestens neun Jahre alt sein. Sie werden je nach Alter in drei Kategorien eingeteilt. Bei der Siegerehrung spielt nicht nur das Alter, sondern auch der allgemeine Zustand des Hundes eine Rolle. Die Vierbeiner werden vorerst einem Tierarzt vorgeführt und auf einem nachfolgenden Parcours werden der Geruchsinn und das Gehör getestet. Die Sehkraft erkennt man auf einem Pfad mit aufgestellten Hindernissen und beim Spielen wird die Reaktionsfähigkeit des Pudels beurteilt. Dieser Anlass macht den Zwei- und den Vierbeinern Spaß.

Bei diesem Altersfrische-Wettbewerb stehen die Pudel oft ganz vorn bei der Rangverkündigung.

Der schwere Entscheid

Wenn der Pudel alt ist, hat die Beziehung zwischen Meister und Vierbeiner seinen Höhepunkt erreicht. Beide sind bestens aufeinander eingespielt. Der Besitzer oder die Besitzerin bemüht sich, alles zu veranlassen, um seinem Vierbeiner das Leben zu erleichtern, bis die Stunden des Leidens kommen. Jetzt muss helfend eingegriffen werden. Wenn der Tierarzt die Leiden nicht mehr lindern kann, muss der schwere Schritt zur Erlösung ins Auge gefasst werden. Es tut weh, aber wir sind es unserem vierbeinigen Freund schuldig, dass wir ihm helfen. Der Tierarzt kann uns bei der Suche nach dem richtigen Zeitpunkt behilflich sein. Es kommt leider nur selten vor, dass ein alter Hund uns diese Entscheidung der Erlösung abnimmt und von selber für immer einschläft.

Die Sieger beim Altersfrische-Wettbewerb.

Dem 16-jährigen Großpudel-Rüden Cachou (Curly von Double Pleasure) von Gabriela Kopp macht es immer noch Spaß, ins Wasser zu laufen und schwimmen zu gehen.

Das Bild zeigt Gabriela Kopp mit Cachou (Curly Double Pleasure – Züchterin Judith Nydegger) im Alter von 13 Jahren am Altersfrische-Wettbewerb 2006.

Wichtige Adressen

Autorin
Rosa Engler
Baiergasse 47
CH-416 Bettingen/BS
Schweiz
rosengler@gmx.net

Schweizer Pudelseiten
www.pudel-spc.ch
www.pudel.ch

Deutsche Pudelseiten
www.deutscher-pudel-klub.de
www.verband-der-pudelfreunde.de
www.pzv82.de
www.pudelclub-adpev.de
www.planetpoodle.de
www.grosspudel.de

Österreichischer Pudelclub
www.oecp.at

Französische Pudelseite
www.clubducanichedefrance.fr

FCI
www.fci.be

Sonstige
www.poodleclubofamerica.org

www.giftpflanzen.ch
Umfangreiche und praktische Giftpflanzendatenbank mit Vergiftungssymptomen etc.

www.poodlepedigree.com
Die »Ahnenforschungsseite« für Pudelfreunde, insbesondere interessant für Züchter

Zwei weitere Websites zum Thema Abstammung und Gesundheit sind die Datenbanken von Lynn Brucker:
www.standardpoodledatabase.com
www.phrdatabase.org

Empfehlenswerte Literatur

Auf ins Leben! Grundschulplan für Welpen von Imke Niewöhner aus dem Kynos Verlag
Die Hundegrundschule – Ein Sechs-Wochen-Lernprogramm von Patricia B. McConnell aus dem Kynos Verlag
Lassie, Rex & Co. – Der Schlüssel zur erfolgreichen Hundeerziehung von Dr. Felicia Rehage/Eiko Weigand aus dem Kynos Verlag
Kynos Trimm- und Pflegefibel von Renate Dolz aus dem Kynos Verlag

Literaturverzeichnis

Beckmann, Ludwig: *Geschichte und Beschreibung der Rassen des Hundes*, Band 1 und Band 2, Verlag von Friedrich Vieweg und Sohn, Braunschweig, 1894.
Bengtson, Bo: *Best in Show – The World of Show Dogs and Dog Shows, Kennel Club Books*, Freehold, NJ, USA.
Coren, Stanley: *Die Intelligenz der Hunde*, Rowohlt, 1997.
Döbel, Heinrich Wilhelm: *Jäger-Practica*, Redaktion der Deutschen Jäger-Zeitung, Leipzig, 1746.
Heppe, von Carl: *Aufrichtiger Lehrprinz*, München, 1750.
Hopkins, Lydia: *The New Complete Poodle*, Howell Book House Inc., New York, 1964.
Jeancourt-Galignani, Mad.: *Les Caniches et leur élevage*, Crepin-Leblond et Cie Editeurs, Paris, 1958.
Mackey, J. Irick, Jr.: *The New Poodle*, Howell Book Hous Inc., New York, 1986.
Morsiani, Giovanni: *Il Lagotto Romagnolo*, Verlag Mursia, Milano, 1996.
Nagel, Annerose: *Der Pudel*, Parey Buchverlag, Berlin, 1997.
Räber, Hans: *Enzyklopädie der Rassehunde*, Franckh-Kosmos-Verlag, Stutgart, Band 1, 1993, Band 2, 1995.
Schuster, A.: *Der Hundefreund*, Verlag von Rudolf Rossberg, Leipzig, 1902.
Thum, Hans: *Mein Freund der Pudel*, Gersbach & Sohn Verlag, München, 1963.
Wachtel, Helmuth: *Hundezucht 2000*, Verlag Gollwitzer, Weiden, 1998.
Zimmermann, Heinrich: *Das Lexikon der Hundefreunde*, Verlag »Mensch und Tier«, Berlin, 1933.

Danke

Emily Cain aus Kanada war mir eine große Hilfe bei der Verwirklichung meiner Idee, den aktiven Pudel in Bildern vorzustellen. Durch sie kam ich auch zum hilfsbereiten Joel Dein vom Big Apple Circus in New York, aus dem die Aufnahmen des bekannten Fotografen Bertrand Guay stammen.

Den Fotografinnen Diane Lewis, Petra Mette, Cathi Winkles, Ramona Richter und Petra Wegner bin ich speziell dankbar, dass sie mir fantastische Aufnahmen von Pudeln zur Verfügung stellten, die das Temperament des Pudels voll zum Ausdruck bringen.

Bei der Vorstellung der seltenen Hunderassen aus den Vorfahren und der Verwandtschaft des Pudels waren mir Sally Anne Thompson, Eva-Maria Krämer, Adriano Bacchella, Inge Fischer, Paul Berliat, Christian Scharf, Carola Schümann und Miranda Wielhower mit ihren außergewöhnlichen Aufnahmen behilflich. Auch über die Profi-Bilder von Helm Tankred, Reto Widmer, Beat Habermacher, Heinz Gassmann und Stefan Beutler, Klaus G. Kuhring, Karin Gruber, Jutta Ibeschitz, P. Kronus, Andrea Schwarz, Lena Arvidsson, Marty Cordano, Bea Frei, Susi Posch, Marcel Meier, die Alpine Rettung Schweiz und das Forum der Schweizer Geschichte freue ich mich sehr.

Gaby Oswald, Irina Markova, Jana Posna, Edelgard Mechsner, Verena Leuenberger, Martin Eberle, Hans-Peter und Monika Dressen und John Suter danke ich für ihren Beitrag zum talentierten und zum sportlichen Pudel und Anke Taubitz, Barbara Schöner vom Magazin »Europudel«, Jilian Gartner, Cathy Crainer, dem Verein für Blindenhunde und Mobilitätshilfe Magden, Peter und Melanie Diriwächter, sowie der

Kynos Stifung Hunde helfen Menschen, der Iltztaler REHA-Hundeschule, Doris Payerl, Vreni Trachsel, Carol Pernicka, Elisabet Wilkerson, Jacqueline Harbor und Claudia Straitiff danke ich für ihre Bilder und Informationen zum nützlichen Pudel.

Damit dieses kleine Werk dem Pudel gerecht werden kann, haben mir auch viele begeisterte Pudelbesitzer wie zum Beispiel Karin Benker, Jolanda Emmisberger, Dagmar Steinemann, Julia Nickenig, Jutta Lötsch, Barbara Schöner, Dr. Andrea Freitag, Verena Leuenberger, Gabriela Kopp, Lisbeth Mach, Charlene Dunlop, Ron Pernicka, Monika Dressen, Karl Meier, Hans-Theo Steinhaus, Simone Taylor, Ute Eberhard, Uta Huppertz , Marlies Morzik, Elke Hennecke, Ruth Schuler, Isabelle Grossenbacher, Susanne Baldinger, Marlyse Schlaflang, Sergio Gebram, Lynn Brucker, Annerose Nagel, Natascha Kolbe und viele andere ihre schönsten Bilder oder interessante Informationen zur Verfügung gestellt und ich danke allen herzlich. Sie haben damit einen wertvollen Beitrag geleistet, dem Leser ein vielfältiges Bild dieser charmanten Hunderasse zu vermitteln. Am Ende war meine Sammlung so groß, dass leider nicht alle Bilder im Buch abgedruckt werden konnten. Die genaueren Angaben zu den Fotos finden Sie im Bildnachweis.

Auch Gisela Rau vom Kynos Verlag und ihren Mitarbeitern danke ich herzlich für ihre Sorgfalt und Geduld, mit der sie meinen Pudel-Bilder-Berg in dieses Buch eingefügt haben.

Rosa Engler

Bildnachweis

S. 6: ©Ibeschitz, Jutta: Pudelgruppe Quelle der Freude vonVerena Leuenberger; **S. 8:** ©Gruber, Karin / Hoffmann, Chris: Großpudel Ch. Jessika aus dem Hause Gryffindor; **S. 10:** ©Arvidsson, Lena: Brauner Großpudel

Der außergewöhnliche Pudel
S. 11: ©Cain, Emily: poodlehistory.org (oben), ©Français, Cogis Photo (unten); **S. 12:** ©Schürmann, Carola: Portugiesischer Wasserhund Levi (oben, li); ©Lanceau, Cogis Photo: Löwchen (oben, re); ©Engler, Rosa: Großpudel aus der Zucht Happyparadise von Ursula Eberli (unten); **S. 13:** ©Gourdan, Stephan: Schnürenpudel (oben); ©Guay, Bertrand: Big Apple Circus: Luciano Anastasini (unten); **S. 14:** ©Winkles, Cathi Photography; ©Wegner, Petra, Arco Digital Images (unten); **S. 15:** ©Woodtli, Daniela: Großpudel Angel's Heart Expression by Breeze von Jolanda Emmisberger (oben); ©Lewis, Diane Photography (unten); **S. 17:** ©Levis, Diane Photography: Labradoo dle; **S. 18:** ©Hrymon, A., Tierfotoagentur

Der traditionsreiche Pudel
S. 20: ©Cassell's The Book of The Dog 1881: Schnürenpudel (oben); ©Klein, J.A.: Radierung 1818 (Mitte); ©Lewis, Diane Photography (unten); **S. 21:** ©Winkles, Cathi Photography (li); ©Beckmann, Ludwig: Rassen des Hundes, 1895: Zeichnung Zwergpudel (re); **S. 22:** ©Winkles, Cathi Photography, **S. 23:** ©Jack, J. 1867: Gemälde, zweifarbiger Hund (Pudel) apportiert Hut, Collection Mrs. Vincent Astor Photography Grant Taylor aus Buch Dog Painting 1840 bis 1940 von William Secord; **S. 24:** ©Thompson, Sally Anne, Animal Photography; **S. 25:** ©Berliat, Paul (oben); ©Richter, Ramona, Tierfotoagentur (unten); **S. 26:** ©White House, Getty Images; **S. 27:** ©Lewis, Diane Photography; **S. 28:** ©Krämer, Eva Maria: Lagotto, Infohund (li); ©Wielhower, Miranda: Wetterhound, Sjouke + Rinke (Mitte); ©Lewis, Diane Photography: American Water Spaniel (re); **S. 29:**©Lewis, Diane Photography: Chesapeake Bay Retriever & Boykin Spaniel (li & Mitte); ©Scharf, Christian: Otterhound Paule von Heike Sarazin & Christian Scharf (re); **S. 30:** ©Fischer, Irene, Ernst, Dieter: Spanischer Wasserhund Escribaniade Ubrigue, genannt Rasta von Inge Fischer & Rainer T. Georgii (li); ©Scharf, Christian: Schafpudel Bolle. Heike Sarazin & Christian Scharf (Mitte); ©Baccella, Adriano, Arco Digital Images / NPL: Bergamasker (re); **S. 31:** ©Bielfeld, H., Juniors Bildarchiv (li): Südrussischer Owtscharka; ©Thompson, Sally Anne, Animal Photography: Komondor (Mitte); ©Abile Gal, Anne: Schnürenpudel (re); **S. 32:** ©Baccella, Adriano, Arco Digital Image / NPL: Puli; **S. 33:** ©Angstein, Frank, Agentur AP: Puli; **S. 34:** ©Emmisberger Jolanda, Großpudel Reach auf demGrimselpass.

Der elegante Pudel
S. 36: ©Boyer, Jacques, Roger Viollet, DUKAS: Schnürenpudel (oben); ©Engler, Rosa (Mitte); Jahan, Pierre, Roger Viollet, DUKAS (unten); **S. 37:** ©Thompson, Sally Anne, Animal Photography (oben); ©Mette, Petra, Mette Naturfoto, (unten); **S. 39:** ©Gorski, Juniors Bildarchiv (oben); ©Shigeshi, Aoki: Silbergroßpudel Zucht von Susan Fraser; **S. 41:** ©Thompson, Sally Anne, Animal Photgraphy (oben); ©Emmisberger, Bruno (unten); **S. 43:** ©Detroit Free Press, ZUMA, DUKAS (oben, li), ©Thompson, Sally Anne, Animal Photography (oben, re); ©Engler, Rosa (unten); **S. 45:** ©Press Association Images; **S. 47:** ©Lötsch, Jutta (oben); ©Forumder Schweizer Geschichte (unten); **S. 49:** ©Kronus, Paul; **S. 50:** ©Habermacher, Beat: Kleinpudel King Kong I vom Badener Rebland & Großpudel Amber Ayla of Curly Spirit von Beat Habermacher

Der vielfältige Pudel
S. 52: ©Cade, Peter, Getty Image; **S. 53:** ©Steinemann, Dagmar: Großpudel Quality White Luna of Beautyflake (Züchterin: B. Haudenschild), (li); ©Engler, Rosa: Kleinpudel Zucht of Beautyflake von B. Haudenschild (re); **S. 55:** ©Gruber, Karin / Hoffmann, Chris: Apricotzwergpudel Etienne Willson de Paulae Villa von Bettina Will; **S. 56:** ©Lewis, Diane Photography (li) & (re); **S. 57:** ©Krämer, Eva Maria, Infohund (li); ©Lewis, Diane Photography (Mitte & re); **S. 59:** ©Frei, Beatrice: Kleinpudel Poodie Woogie Brown Barbeau „Blaze" (Züchter: Gabriela Kopp, Besitzerin: Eve Binder), (li); ©Richter, Ramona, Tierfotoagentur (Mitte); ©Mette, Petra, Mette Naturfoto (re); **S. 60:** ©Lührs, K., Tierfotoagentur: Zwergpudel, fauverouge (rot); **S. 62:** ©Posch, Susi: Harlekin Zwerg- & Großpudel von Maria Gerstmann; **S. 65:** ©Kronus, Paul: Harlekin Großpudel von Gabriele Radler (Züchterin: Nathalie Thunnissen); **S. 66:** ©Richter, Ramona, Tierfotoagentur: Black and Tan Zwergpudel; **S. 67:** ©Richter, Ramona, Tierfotoagentur: Black and Silver, Zwergpudel; **S. 68:** ©Lührs, K., Tierfotoagentur (oben, li); ©Kuhn, M., Tierfotoagentur (oben, re); ©Staratzke, Katrin (unten, li); ©Gruber, Karin / Hoffmann, Chris (unten, re); **S. 69:** ©Schwerdtfeger, S., Tierfotoagentur: fauveapricot (oben, li); ©Lührs, K., Tierfotoagentur: fauverouge (rot), (oben, re); ©Geithner, D., Tierfotoagentur: Harlekin (unten, li); ©Richter, Ramona, Tierfotoagentur: Black and Tan; **S. 70:** ©DUKAS, TOPFOTO, Personalities

Der begehrte Pudel
S. 72: ©Wilhelm Busch: Zeichnung Arthur Schopenhauer (oben); ©Taylor, Simone / Steinhaus, Hans Theo (unten); **S. 73:** ©Thomas-Mann-Archiv, Keyston, George Platt Lynes; **S. 74:** ©Albin-Guillot, Laure, Roger Viollet, DUKAS (oben, li); ©DUKAS, TOPFOTOS,

Uppa.co.uk (oben,re); ©Keystone, Photopress Archiv, STR (unten); **S. 75:** ©DUKAS, TOPFOTO, Personalities (oben, li); ©DUKAS, TOPFOTO, Royalty (oben, re); ©Gjon, Mili, Time & Life Pictures, Getty Images (unten, li); ©Keystone, Hulton Archive (unten, re); **S. 76:** ©Engler, Rosa: Natalia & Zwergpudel Welpen Kim & Kimba

Der unwiderstehliche Pudel

S. 78: ©Engler, Rosa: Welpe Mara; **S. 79:** ©Engler, Rosa: Piccadilly Welpen Züchterin Susanne Baldinger (oben); ©Freitag, Andrea: Bordenberg Welpen Dr. Andrea, Freitag (unten); **S. 80:** ©Lötsch, Jutta: Welpen vom Ronthaler Gütl; **S. 81:** ©Freitag, Andrea: Bordenberg Welpen (oben); ©Wegner, Petra, Arco Digital Images (unten); **S. 82:** ©Nickenig, Julia: Allora Appassionati Pudel Welpen & Mutter Lotta von Julia Nickenig; **S. 83:** ©Emmisberger, Jolanda: Mädchen & Kleinpudel Turbo (Ultimo vom Happyparadise) von Jolanda Emmisberger; **S. 84:** ©Hrymon, A., Tierfotoagentur

Der anspruchsvolle Pudel

S. 85: ©MAH Musée d'art et d'historie, Ville de Genève, Achat, 1945, Jean-Jacques Chalon: Les tondeuses de chiens, 1820; **S. 87:** ©Pasini, Daniel: Zwergpudel Welpe Monty; **S. 88:** ©Kolbe, Natascha, Planetpoodle Grooming: Silberpudel Tim; **S. 89:** ©Hrymon, A., Tierfotoagentur: Pudel Kurzhaarschnitt; **S. 90:** ©Hrymon, A.: Karakul Frisur; **S. 91:** Lührs, K., Tierfotoagentur; **S. 93:** ©Abile Gal, Anne: Schnürenpudel; **S. 94:** ©Sarti, Alessandra, Mauritius Images / Image BROKER: Apricot-Toypudel

Der temperamentvolle Pudel

S. 96: ©Mette, Petra, Mette Naturfotografie (oben & unten); ©Lewis, Diane Photography (Mitte); **S. 97:** ©Gruber, Karin / Hoffmann, Chris: Spiel mit Jessi (oben, li); ©Lewis, Diane Photography (oben, re & unten, li); ©Kuhring, Klaus, G.; **S. 98:** Vidal, Cogis Photo

Der verträgliche Pudel

S. 99: ©Varin, Lili: Cogis Photo; **S. 100:** ©Hrymon, A., Tierfotoagentur; **S. 102:** ©Nickenig, Julia: Alluna von Schornau (oben); ©Gruber, Karin / Hoffmann, Chris: Hakim vom Herzogshut von Doris Payerl: Spiel mit Jessi (unten); ©Benker, Karin: Karbits Quest of Time (schwarz) & Karbits Got You Babeat Rosmel (apricot) (oben, li); ©Steinemann, Dagmar: Snowdrop-Manor-Pudel von Dagmar Steinemann (oben, re); ©Ibeschitz, Jutta: Misura-Mazurka Quelle der Freude mit Harlekin-Zwergpudel (unten); **S. 104:** ©Mette, Petra, Mette Naturfotografie

Der talentierte Pudel

S. 105: ©Steen, Jan (1636): Tanzender Hund (Pudel). Steve Art Gallery; **S. 107:** Zeichnung eines unbekannten Künstlers um 1815; **S. 108:** ©DUKAS, TOPFOTO, General (oben); ©Leuenberger, Verena: Welpen aus der Zucht Quelle der Freude von Verena Leuenberger (unten); **S. 109:** ©Dunlop, Charlene (li): © Guay, Bertrand, Big Apple Circus: Irina Markova mit Pudel: Seilspringen (re); **S. 110:** Bild zur Verfügung gestellt von ©Jana Posna; **S. 111:** ©Mette, Petra, Mette Naturfotografie; **S. 112:** ©Widmer, Reto; **S. 113:** ©Kuhring, Klaus, G. (oben & unten); **S. 114:** ©Thielecke, Friedrich (oben); ©Kuhring, Klaus, G. (unten); **S. 115:** ©Kuhring, Klaus, G. (oben & unten); **S. 116:** ©Helm, Tankred

Der nützliche Pudel

S. 118: ©Engler, Rosa: Herr Birrer mit Siri; **S. 119:** ©Helm, Tankred (oben); ©Pernicka, Ron (unten); **S. 121:** ©Pernicka, Ron; **S. 122:** ©Pernicka, Ron: Pudel Reigner: Schafhüter (oben); ©Kynos Stiftung" Hunde helfen Menschen" (unten); **S. 123:** ©Trachsel, Vreni: Hunde Schüler des VBM Magden mit Trainerin Nadine (oben); ©Verein für Blindenhund & Mobilitäshilfen VBM Magden (Mitte); ©Diriwächter, Melanie (unten); **S. 124:** ©Gerstmann, Maria: Ilztaler REHA Hundeschule (oben); ©Kotar, Simone: Ilztaler REHA-Hundeschule (unten); **S. 125:** ©Kynos Stiftung Hunde helfen Menschen (oben); ©Crainer, Cathy (unten); **S. 127:** ©Posch, Susi; **S. 128:** ©Calvet, K; **S. 129:** ©Diane, Lewis Photography (oben, li), ©Winkles, Cathi Photography (oben, re); ©Bergmann, L., Tierfotoagentur (unten); **S. 130:** ©Hartmann, Lisa: Claudia Straitiff & Mulligan; **S. 131:** ©Winkles, Cathi Photography; **S. 133:** ©Wegner, Petra, Arco, Digital Images: Pudelpointer (oben, li); Alpine Rettung Schweiz: Pudelpointer Einsatz (oben, re); ©Thompson, Sally Anne, Animal Photography: Irish Water Spaniel (unten, li): ©Thompson, Sally Anne, Animalphotography: Curly Coated Retriever (unten, re); **S. 134:** ©Winkles, Cathi Photography

Der sportliche Pudel

S. 136: ©DUKAS, TOPFOTO, Between The Wars; **S. 137:** ©Ibeschitz, Jutta (oben); ©Didierjean, Catherine (unten); **S. 128:** ©Mette, Petra, Mette Naturfotografie: Pudel von Jika Peierova (oben); ©Lewis, Diane, Photography (Mitte); ©Woodtli, Daniela (unten); **S. 139:** ©Gassmann, Heinz, g-production (oben & unten); **S. 140:** ©Beutler, Stefan (oben & unten); **S. 141:** ©Arvidsson, Lena (oben); ©Engler, Rosa, Kleinpudel Georgie (unten); **S. 143:** ©Schwarz, Andrea; **S. 144:** ©Kostikova, Natalia; **S. 145:** ©Schultz, Jeff, Alaska Stock Images (oben); ©Cordano, Marty, zVg John Suter (unten); **S. 147:** ©Cordano, Marty, zVg John Suter; **S. 148:** ©Rau, Gisela, brauner Großpudel Suse, 12 Jahre alt

Der vitale Pudel

S. 150: ©Barkshire, Gillian: Silberpudel, Bibelot Zucht von Susan Fraser; **S. 151:** ©Leuenberger, Verena, Pudel aus der Zucht Quelle der Freude (oben); ©Kronus, Paul: Antonia v. Diezenbach von P. & M. Kronus (Züchterin Barbara Schöner) (unten, li); ©Gruber, Karin / Hoffmann Chris: Zwergpudel Willson (unten, Mitte); ©Benker, Karin: Silberpudel Geraldo d'Argent Boucle (unten, re); **S. 152:** ©Hermeline, Cogis Photo; **S. 153:** ©Hrymon, A. Tierfotoagentur (oben); ©Engler, Rosa,: Welpe Kim Impfen (unten); **S. 154:** ©Arvidsson, Lena: Ch. Dyrstad's Scandic Diesel (oben); ©Leuenberger, Verena: Großpudel Lustige Locke Quelle der Freude (unten, li); ©Lewis, Diane Photography (unten, re); **S. 157:** ©Lührs, K.: Großpudel; **S. 159:** ©Tremp, Ruth (oben); ©Kopp, Gabriela (unten, li); ©Krähenbühl, Brigitte (unten, re); **S. 162:** ©Rocher, Cogis Photo: Schnürenpudelgruppe